AF508883

RECUEIL

DE DIFFERENS TRAITÉS

DE PHYSIQUE

ET

D'HISTOIRE NATURELLE,

Propres à perfectionner ces deux Sciences.

Par M. DESLANDES, *de l'Académie Royale des Sciences & Belles-Lettres de Pruſſe.*

TOME TROISIEME.

A PARIS,

Chez J. F. QUILLAU, Fils, Libraire,
rue Saint Jacques, vis-à-vis celle des
Mathurins, aux Armes de l'Univerſité.

M. DCC. LIII.

AVEC APPROBATION ET PRIVILEGE DU ROI.

A MONSIEUR,

MONSIEUR.....

Le parti généreux que vous avez pris de vous appliquer à l'étude, l'ordre philosophique que vous suivez dans vos lectures, en passant de ce qu'il y a de plus simple à ce qu'il y a de plus composé, la bibliothéque que vous avez formée vous-même, non de ces livres du tems qui rabbaissent l'esprit & corrompent les mœurs, mais de ces livres plus rares qui

éléVent l'ame, la garantiſſent
des préjugés, & la fortifient
contre les accidens ſi ordinaires de la vie : tout cela, Mon-
SIEUR, m'a fait ſouhaiter de
vous connoître, & en vous
connoiſſant, que je vous ai
admire ! que je vous ai aimé !
Tout en vous, MONSIEUR,
& chez vous reſpire cette noble ſimplicité qui caractériſe
l'honnête homme. Rien n'eſt
plus obligeant que votre abord,
rien n'eſt plus poli que vos maniéres : vous rendez contens
tous ceux qui ont affaire à
vous, même en les refuſant.
Votre maiſon n'offre aucun de
ces colifichets qui coûtent tant,
aucune de ces niaiſeries qui

viennent des Pays étrangers :
le faste & le luxe en sont bannis. On ne trouve point dans
votre antichambre des Domestiques insolens, qui daignent
à peine annoncer un homme
vêtu uniment. Mais ce qui
vous distingue encore plus
que tout le reste, c'est votre
amour ardent pour le bien public : amour si ignoré aujour-
d'hui. Vous êtes Philosophe
& Citoyen. Que ces deux titres réunis sont peu communs !

PRÉFACE.

Pre's avoir montré
dans la Préface du premier Volume de ce Recueil, combien la Physique & l'Histoire Naturelle font utiles & agréables, font instructives & propres à contenter l'esprit & le cœur : j'ai montré dans la Préface du second Volume, quelles font les principales fautes où tombent les Physiciens & ceux qui traitent de l'Histoire Naturelle, quels font les écueils où ils viennent tristement échouer. J'avoue que je pouvois fur cela entrer dans un

plus grand détail que je n'ai fait: mais j'ai craint en recherchant certains ouvrages trop curieufement, d'en bleffer les Auteurs, moins fenfibles au goût de la vérité qu'amoureux de leurs propres idées. Ces Auteurs ignorent fans doute qu'il faut les émonder fouvent, & comme dit Pline le jeune, *hæc ipfa, quantum ratio exegerit, refecare.*

Tout fyftême qui embraffe trop d'objets à la fois, ne peut être que défectueux. L'efprit fuffit à peine pour expliquer un feul objet, quoiqu'il ait été vû à différentes reprifes & faifi de tous les côtés. *Non tanquam affecutum fe effe credat,* dit encore Pline, *Sed tanquam affequi laboraverit.* La preuve de ce que j'avance ici fe trouve dans les divers Ecrits, qui ont paru fur l'Electricité; & qui loin d'éclaircir une matiére déja obſcure par elle-même , ne font que l'embrouiller encore davantage. Les uns font remplis d'expériences équivoques & douteuſes , auxquelles on ne peut ajouter foi : témoin celles qui regardent l'Electricité médicale , & qui ont été contredites par un de nos Phyſiciens, auſſi propre à recommencer ces Expériences qu'à juger de leur ſuccès. Les autres Ecrits nous offrent des rapports imaginaires entre la matiére Electrique, la matiére ſolaire , celle du feu , & celle qui forme les tonnerres & les éclairs.

Pour bien juger de ces rapports, il faudroit connoître le ſyſtême général de l'Univers où tout eſt lié par des nœuds ſecrets &indiſſolubles, où tout ſe tient d'une maniére ſi inti-

me que les corps, qui essen-
tiellement différent entre eux
par leur structure, se ressem-
blent cependant, & sont propres aux mêmes usages, c'est-
à-dire, à recevoir certains mouvemens des objets qui les en-
vironnent, ou certaines impressions des esprits qui peuvent
agir sur eux. Et c'est dans le rapport mutuel de ces impressions
& de ces mouvemens que consiste tout le jeu de la **Nature.**

Il est puéril, & souvent dangereux, de se flatter de sçavoir ce qu'on ne sçait point. La
fausse science nuit encore plus,
qu'un noble aveu de son ignorance. Dans la Physique, il y
a tant de choses obscures &
cachées, il y a tant d'énigmes,
de sous-entendues, de singula-
rités, qu'on ne peut trop se
défier des explications précipi-

tées & des syftêmes exclufifs des vérités non encore connues. *Omnis cognitio,* remarque Ciceron, *multis eft obftructa difficultatibus, eaque eft in ipfis rebus obfcuritas & in judiciis noftris infirmitas ut non fine caufa & doctiffimi & antiquiffimi invenire fe poffe, quod cuperent, diffifi fint.*

Cependant il ne faut point pour cela renoncer à l'étude des chofes naturelles, comme les Anciens prudens & avifés, n'y ont point renoncé. *Tamen nec illi defecerunt,* remarque encore Ciceron, *neque nos ftudium exquirendi relinquemus; neque noftra difputationes quidquam aliud agunt, nifi ut in utramque partem dicendo & audiendo eliciant, & tanquam exprimant aliquid quod aut verum fit, aut ad id quam proximè accedat.*

Un autre défaut qui deshonore la Phyſique , c'eſt de la traiter par des ſuppoſitions arbitraires : je veux dire , en établiſſant des principes qui n'ont rien de réel & de fondé dans la Nature , & en tirant de ces principes par des calculs géométriques , des conſéquences que rien n'arrête. Mais que nous apprennent ces calculs auſſi effrayans par leurs nombres & leurs figures , qu'inutiles par l'uſage dont ils peuvent être ? Ils n'apprennent rien autre choſe , ſinon que des ſuppoſitions chimériques ſont liées à des conſéquences plus chimériques encore. Il ne faut point s'en flatter. Quand une fois on eſt rompu au calcul, la main court ſur le papier , ſans que la tête y ait preſque aucune part. On arrive au but , ſans trop ſçavoir par quel chemin on y eſt arrivé. M. de Fontenelle l'a dit ſans détour dans la Préface qu'il a miſe à la tête de ſes Elemens de l'Infini.

Mais ce qui retarde plus que tout le reſte, les progrés de la Phyſique, c'eſt le peu d'accord, c'eſt le peu d'union qui régne parmi les Phyſiciens. On avoit juſqu'ici pardonné les critiques indécentes, les perſonnalités injurieuſes, les railleries mêmes qui piquent ſouvent plus que les injures : on les avoit, dis-je, pardonnées aux Littérateurs, quoique l'étude des Belles-Lettres dût principalement ſervir à polir l'eſprit, & à lui inſpirer je ne ſçai quelle douceur & quelle amenité ſi néceſſaires au commerce de la vie. Mais les Phyſiciens s'étoient défendu tous les procédés malhon-

nêtes : & si quelqu'un avoit attaqué les anciens, & les avoit regardés d'un œil de mépris, c'est
qu'il ne les connoissoit pas. Mieux
connus, on les estime aujour-
d'hui, & on en fait le cas qu'ils
méritent. *Summi homines sunt :*
homines tamen.

Si la réputation des anciens
Philosophes s'est heureusement
rétablie, & je crois avoir contribué de quelque chose à ce
rétablissement par mon Histoire
Critique de la Philosophie ; il
faut avouer que les modernes
se font un grand tort, en se cho-
quant & se heurtant l'un l'autre. Leur véritable avantage
seroit de s'aider mutuellement,
& de se prêter la main pour ac-
croître le domaine de la Physique & donner plus de jour aux
nouvelles découvertes. Mais au
lieu de cette assistance réci-

proque & qui feroit honorable pour l'humanité, les Phyficiens cherchent à fe décréditer : & par une fuite inévitable, ils fe décréditent effectivement. En voici une preuve fenfible , & fans aucun embarras.

Le meilleur Ouvrage que nous ayons fur la Phyfique , depuis le commencement de ce fiécle , eft fans doute l'Hiftoire Naturelle, générale & particuliére , avec la Defcription du Cabinet du Roi. Le folide Auteur de cette Hiftoire méritoit, par l'univerfalité de fes connoiffances & par la maniére ingénieufe dont il les rapproche les unes des autres, les applaudiffemens des Gens de Lettres. Mais au milieu de ces applaudiffemens non mandiés ni donnés par complaifance, ont paru des Lettres écrites à un Ameriquain, & imprimées à Hambourg. Mais d'où viennent ces fictions ridicules; d'où vient ce déguisement qui ne trompe perfonne; d'où vient cette impofture dans le titre & dans les caractéres? Il falloit dire naïvement, mais avec politeffe, ce qu'on vouloit dire, fans jetter des nuages fur la religion de quelqu'un dont la conduite ne refpire que l'honneur, la vertu, la probité. Cette accufation revient fouvent, & n'en eft pas moins odieufe.

Le but des Princes en inftituant des Académies dans leurs Villes Capitales, (je ne parle point de celles des Provinces) a été de raffembler un certain nombre d'habiles gens, pour travailler de concert les uns avec les autres; s'entrecommuniquer leurs lumiéres, & porter les Sciences à leur perfection. Mais toute jalousie doit être exilée de ces Sociétés Littéraires : & si par malheur elle y entre quelquefois, le Public malin ne manque point de s'en moquer, comme d'une chose contraire à ses propres intérêts ; c'est-à-dire, à une instruction suivie. Pourquoi le Voyage entrepris au Cercle Polaire a-t-il si bien réussi ; pourquoi a-t-il fait tant d'honneur à la France éclairée par ce Voyage sur la véritable figure de la terre ? La raison en est palpable, c'est que tous les Physiciens employés à cet Ouvrage important, ont concouru à l'envi l'un de l'autre & sans s'attribuer aucune préférence : ont concouru, dis-je, & de leurs soins & de leurs talens, & de leur santé même, à déterminer

quelle eſt la meſure de la terre. L'illuſtre M. de Maupertuis
qui conduiſoit cette entrepriſe ,
malgré les obſtacles ſans nombre qui ſe trouvoient ſur ſa
route, malgré les glaces & les
frimats continuels qui retar-
doient le progrés des opérations , en eſt venu à bout ſans
être attaqué ni contredit par
aucun de ſes habiles Confreres. Cette union digne des plus
beaux ſiécles de la Grece & de
Rome , eſt, à mon avis , char-
mante.

Je ne doute pas que le voyage fait au Perou ne produiſe les
mêmes effets , je veux dire ,
une relation auſſi exacte qu'uniforme des travaux entrepris &
ſi long-tems continués par de
ſçavans Obſervateurs : ce qui
confirmera la penſée où je ſuis ,
que la Phyſique ne peut faire

des pas fermes & aſſûrés vers la perfection , ſans qu'il régne un bel accord , une juſte proportion entre les Phyſiciens.

Ils doivent tous conſpirer au même but. Un étranger , homme de condition & grand Philoſophe , voulant donner à Louis XIV. des louanges qui fuſſent d'un goût nouveau , lui dit : *Hanc animo tuo dudum inſediſſe voluntatem , ut veritati indagandæ cuncti veritatis amantes ſedulò & invicem incumbant , luculentiſſima teſtantur indicia.* Vid. Lib. de Medecinâ mentis & corporis.

Après avoir ainſi recommandé l'union & un accord refléchi entre les Phyſiciens appliqués à s'inſtruire eux-mêmes, & à inſtruire enſuite le Public avide de connoiſſances ; je crois

qu'on me permettra fans peine
de faire les deux remarques
fuivantes.

1°. Quoique le domaine de
la République des Lettres foit
partagé entre les fciences exactes & Philofophiques, & les
fciences agréables, d'une dif-
cuffion fine, utiles même à certains égards : on ne doit point
croire que ces fciences foient
incompatibles les unes avec les
autres, ni qu'elles fe donnent
l'exclufion. Tout au contraire,
elles fe prêtent une vive clarté,
qui étant bien ménagée, rend
l'efprit plus net, plus attentif,
plus fufceptible d'un certain
ordre & d'une certaine fuccef-
fion dans fes penfées. D'un côté les Belles-Lettres *débrutiffent*
l'homme, le tournent aux chofes de goût & de fentiment,
lui donnent les talens néceffai-

res pour vivre en société. Sans elles, on ne peut avoir ni ordre, ni arrangement, ni une certaine liaison dans ses idées : on ne peut ni parler correctement, ni écrire d'une maniére qui intéresse les Lecteurs curieux de sçavoir : encore moins peut-on entendre les Livres composés en Latin, qui nous viennent des Pays étrangers. J'ai connu des Geometres & des Physiciens, qui n'ayant pris dans leur jeunesse aucune teinture des Belles-Lettres, n'ont sçu toute leur vie ni parler ni écrire. Ils ressembloient à des automates continuellement assujettis à calculer ou à faire des expériences.

2°. Quand l'esprit a été heureusement cultivé par les Belles-Lettres, on peut alors s'appliquer aux Sciences exactes &

Philofophiques, & s'y appliquer, non en homme qui recherche des dattes & des faits
pour fe donner dans le monde
je ne fçai quel relief, mais en
homme éclairé qui veut appro-
fondir les chofes & remonter à
leurs principes propres & effentiels. En cela, les Sciences Philofophiques font les feules di-
gnes de l'homme qui penfe. Ap-
prendre à fe connoître, travailler à donner de la jufteffe, de
l'étendue, une certaine activité
à fon efprit, difcerner quelles
font fes bornes, jufqu'où il peut
aller dans la recherche de la
vérité & où il doit s'arrêter, ne
point affecter de percer dans
l'infini, ou n'y percer que par
des approximations & des feries
qui vont comme s'y perdre ;
voilà quelles difpofitions il faut
avoir, voilà ce qu'on doit fou-

haiter d'acquérir, quand on entre librement dans la carriére
épineuse des Sciences exactes.
Elles sont d'un détail immense,
puisqu'elles ont pour objet la
nature entiére. Elles coûtent des
peines & des travaux sans nombre : mais qu'on en est dédommagé ; & dédommagé avec usu-
re, par le plaisir d'être toujours
accompagné de l'évidence, ou
par un autre plaisir plus vif encore qui est celui d'être utile au
Public ? Pour les Belles-Lettres,
elles ne procurent & ne peuvent
procurer que des amusemens pas-
sagers. S'il est vrai, comme l'a
dit un Ancien, que *Philosophan-
dum est, etiamsi non est Philoso-
phandum :* je doute qu'on puisse
se promettre un tel avantage,
un bien si précieux, des Belles-
Lettres trop libertines, à mon
avis ; & trop sujettes à des dis-
tractions.

Je vais rapporter maintenant les titres, & effleurer les sujets des différens Traités, qui composent ce troisiéme volume.

I.

Mémoire sur l'établissement des Colonies Françoises aux Indes Orientales, avec diverses remarques sur les Isles de Mascareing & de Madagascar.

Ce Mémoire a été tiré d'un Journal manuscrit de feu M. le Chevalier Martin, Gouverneur de Pondicheri, & un des premiers Fondateurs des Colonies Françoises aux Indes Orientales. C'étoit un homme d'une grande intelligence dans les affaires, & qui se piquoit de la
plus

plus exacte probité. Il joignoit à un noble désintéressement, deux qualités qui conviennent si bien aux personnes en place : la maturité d'esprit dans les conseils & la fermeté de conduite dans l'exécution.

Le Journal manuscrit de M. le Chevalier Martin renferme une histoire de la révolution arrivée à Siam, sous M. Constance Phaulkon. Cette histoire est différente de toutes celles qui ont paru jusqu'ici, & qui fourmillent de mensonges & de faussetés. Si le Public étoit curieux de sçavoir ce qu'il y a de vrai dans cet événement à demi-oublié, & par-là même moins intéressant, je serois en état de le satisfaire.

II.

Mémoire abrégé sur le Cryſtal de roche, principale-
ment ſur celui qu'on trouve en quelques endroits
de la Baſſe-Bretagne.

Les Obſervateurs manquent
plus que les Obſervations. La
Nature eſt ſi prodigieuſement
variée, qu'on trouve preſque à
chaque pas dequoi s'étonner,
& dequoi admirer. Tant d'objets merveilleux ſe préſentent
à notre vûe, qu'on s'étonne de
leur nombre, & qu'on admire
leurs caractéres & leurs différences, n'y ayant point dans
l'univers deux objets qui ſe reſ-
ſemblent parfaitement.

III.

Mémoire fur quelques effets finguliers du Tonnerre.

Une partie de ce Mémoire avoit déja paru dans les Obfervations fur les Ecrits modernes. Il reparoît aujourd'hui avec des augmentations, & un détail de quelques rapports particuliers entre le tonnerre, & l'aiguille aimantée.

IV.

Eclairciffement fur les Rames tournantes.

J'ai joint à cet Eclairciffement la Defcription de deux Eftampes Allégoriques gravées

pendant les régnes de Louis XIII.
& de Louis XIV. où la France
eſt repréſentée ſous la forme
d'un bâtiment de mer : ce qui
m'avoit paru aſſez ingénieux.

V.

Lettre ſur le Luxe, avec l'examen du neuviéme Chapitre de l'Eſſai Politique ſur le Commerce.

Je m'eſtimerois fort heureux,
ſi cette Lettre ſur le Luxe, pouvoit faire connoître quelle foule
de maux, d'abus intolérables &
de déſordres, il traîne à ſa ſuite.
Tous ces déſordres, tous ces
abus, tous ces maux diverſifiés
à l'infini, annoncent la ruine
prochaine d'un Etat, où ré-
gnent le bas, le frivole, l'indé-

cent, le ridicule même; où l'on n'eſt regardé que par les dépenſes exceſſives qu'on fait, & non par le mérite ou par les vertus qu'on peut avoir ; où tout ſe vend au poids de l'or, charges, dignités, emplois, réputation même (*). Tout cela ſuit du Luxe, l'accompagne & l'accroît encore.

VI.

Traité ſur le Jardinage, où l'on fait voir les agrémens & les profits qu'on en peut retirer.

Ce Traité eſt la traduction libre d'un Ouvrage Anglois intitulé : *The Clergy-Man's Recrea-*

(*) *Aurea nunc verè ſunt ſacula ; venditur auro omnis honos.*

tion, shevving the pleasure and pro-
fit of the Art of Gardening ; by
John Laurence , A M. Rector of
Bishops Weremouth. Le but de
cet Auteur , Curé à la campagne , étoit de blâmer l'oisiveté
dans laquelle croupissent la plupart de ses Confreres , & de leur
inspirer du goût pour les occupations utiles & agréables de la
vie retirée. Ce M. Laurence avoit
un frere nommé Edoward Laurence , qui a publié un Livre
curieux & bien raisonné , lequel
a pour titre : *The Duty and office*
of à Land - Stevvard. Ce Livre
renferme les devoirs & les obli-
gations d'un homme chargé du
soin d'une grande terre , & ap-
pliqué à la faire valoir. Cet
Edoward Laurence étoit aussi
Intendant des terres & domaines de la Duchesse de Buckin-
gam & Normanby. Les deux

freres ont été par conséquent
des citoyens utiles, & qui ont
servi la Patrie : ce qui vaut
mieux que des beaux esprits.

VII.

Eclaircissement sur l'état où
étoient les Colonies Por-
tugaises aux Indes Orien-
tales, lorsque la Royale
Compagnie de France s'y
établit.

Comme les Portugais sont les
premiers *Découvreurs* & les premiers Conquérans des Indes
Orientales, j'ai jugé qu'on verroit avec surprise combien leur
domination étoit déchue, lorsque les François y menérent
leurs Colonies. L'art de conserver est plus difficile encore
que celui d'acquérir : & les Por-

tugais qui s'affoibliſſent aiſément & tombent dans l'*indiſci-*
pline, ont toujours ignoré ce premier art. Auſſi ont-ils perdu preſque tous les établiſſemens qu'ils
avoient fondés à grands frais :
j'en excepte ſeulement le Breſil,
qui fleurit encore aujourd'hui.
Pour les Anglois qui ont naturellement le génie de culture
& de poſſeſſion lequel eſt le véritable génie des Colonies, ils
ont amélioré leurs établiſſemens,
& en ont tiré tout le profit &
tous les avantages qu'ils en pouvoient tirer. Les François tiennent un certain milieu entre les
Anglois & les Portugais. Ils ont
acquis auſſi facilement que ces
derniers, ils ſe ſont procurés de
grands domaines, tant en Aſie
qu'en Amérique : mais il s'en
faut bien que leurs Colonies
ſoient auſſi ſoigneuſement entretenues que celles des Anglois.

MEMOIRE

MEMOIRE

SUR L'ETABLISSEMENT des Colonies Françoises aux Indes Orientales, avec diverses remarques sur les Isles de Mascareing & de Madagascar.

Tome III.　　　　　　　A

Alexandri Magni Comites in eo tractu Indiæ quem subegerant, scripserunt quinque mill. oppidorum fuisse... Indiamque tertiam partem esse terrarum omnium, multitudinem populorum innumeram, probabili sanè ratione. Indi enim propè gentium soli numquam emigravere finibus suis.

Plin. Hist. Nat. Lib. 6.

MEMOIRE

SUR L'ETABLISSEMENT des Colonies Françoises aux In- des Orientales.

LEs François naturellement hardis, ont tenté en divers tems les voyages de long cours. Mais soit par un effet de cette légéreté que leur reprochent les autres Nations, de ne pouvoir suivre une entreprise, dès que les commencemens en font malheureux, soit manque de fonds considérables & proportionnés aux premiéres dépenses qu'il étoit à propos de faire, soit par les oppositions réitérées & les pratiques secrettes des Peuples maritimes jaloux du commerce des François, il est certain que toutes leurs tentatives

jusqu'en 1665 , n'avoient pas eu le fuccès qu'ils devoient s'en promettre. Quelques Aventuriers s'étoient expofés à de
très-grands périls : mais le peu de profit qu'ils retirérent de leurs courfes, joint
aux travaux immenfes qu'ils y effuyé-
rent , les empêcha d'entreprendre des
courfes nouvelles. On fe rebute aifément
de ce qui n'eft ni utile ni honorable, i
de ce qui ne rapporte ni un certain profit ni une certaine réputation.

Comme les richeffes des Indes Orientales étoient l'objet des voyages qu'y
faifoient ces Aventuriers , il fe forma
par leurs rapports avantageux & à leur
perfuafion, une Société qui avoit pour
but le commerce de l'Ifle de Madagafcar. Cette Société compofée pêle mêle
de gens qui n'avoient aucune connoif-
fance du pays , y envoya des vaiffeaux
mal équipés qui périrent à leur retour:
& les François qu'elle laiffa à terre,
tant pour conftruire un fort & des magafins , que pour commercer avec les
Naturels du pays , furent par leur faute
cruellement maffacrés. Quelques-uns
d'entre eux trouvérent pourtant le
moyen d'échapper à la mort , & ils

s'enfuirent dans l'Ifle de Sainte - Marie (1) voifine de Madagafcar, qui leur offrit une retraite affûrée. N'y recevant point de nouvelles, ni de fecours de la France, ils fe joignirent aux habitans & époufèrent par néceffité leurs filles. Cette race à demi fauvage fubfifte encore.

Telles furent les premiéres difgraces

(*a*) L'Ifle de Sainte-Marie, peu diftante de celle de Madagafcar, a dix-huit ou vingt lieues de long fur trois ou quatre de large. Les cafes ou maifons des habitans font bâties, à peu de chofe près, fur la même ligne : ce qui forme comme une longue rue, prefque d'un bout de l'Ifle à l'autre.

Ces habitans ne s'occupent qu'à la pêche, dont ils vont vendre le produit à la grande Ifle : c'eft ainfi qu'ils appellent Madagafcar. Ils prennent quelquefois des raies d'une grandeur prodigieufe, & dont une feule pourroit, fans exageration, nourrir cent hommes. Mais la pêche qui les occupe le plus, c'eft celle d'une efpéce de faumon qu'ils nomment *fmargal*, & qui dans les mois de Février & de Mars vient de toutes parts attaquer les côtes de l'Ifle de Sainte-Marie. On croit qu'ils y font attirés par des plantes marines, qui fleuriffent dans cette faifon & qui fervent à les engraiffer. Ce poiffon eft alors un excellent manger.

A iij

des François , faute d'être conduits
avec intelligence, & d'être soutenus par
le Gouvernement. Cependant les autres peuples de l'Europe s'étoient déja
établis avec avantage dans les Indes
Orientales. Œconomes dans les commencemens , ils ne faisoient que les dépenses qu'il convenoit de faire. Ils agis-
soient sans faste , & sans ostentation. Ils
n'employoient que des gens utiles , &
dont la capacité étoit généralement reconnue. Ils mêloient enfin à la douceur
qui s'attire des amis , la force qui gagne
des sujets , & le courage qui soumet des
rebelles & punit des traîtres.

Les Portugais furent les premiers qui
ouvrirent la route d'Europe aux Indes
Orientales , par le Cap de Bonne-Espe-
rance. Après plusieurs exploits (1) d'une
éternelle mémoire, après plusieurs conquêtes chérement achetées , ils se ren-

(1) V. l'Histoire des Découvertes & Conquêtes des Portugais dans le nouveau monde,
& principalemenr aux Indes Orientales, &c.
publiée par le Pere Laffiteau Jésuite. Cette Histoire curieuse , par les détails dont elle est remplie , a été tirée des Auteurs originaux.

dirent les maîtres des places les plus considérables & des Villes les plus propres au commerce, qui étoient des deux côtés du Gange : *intra & extra Gangem.*

Les Anglois & les Hollandois suivirent de près les Portugais, fiers de leurs richesses rapidement acquises, & qui avoient des Princes & des Rois à leur solde. Divers événemens retardérent les progrès des Anglois. Mais ils sçurent les tourner à leur avantage ; ils se servirent des ressources que leur offre un génie plein de feu, pour surmonter tous les obstacles : & leur commerce solidement établi subsiste depuis plus de cent trente ans.

A l'égard des Hollandois, une politique sensée leur fit d'abord regarder (1) les Indes Orientales comme une source abondante de trésors, capable de donner à la République un

(1) V. les Mémoires sur le commerce des Hollandois, dans tous les Etats & Empires du monde : où l'on montre quelle est leur maniére de le faire, son origine, leurs grands progrès, leurs possessions & gouvernement dans les Indes, &c. A Amsterdam, 1718.

A iiij

éclat & un pouvoir fans bornes. Ils s'apperçurent enfuite que pour travailler heureufement dans ces pays éloignés, il falloit fe faire précéder par la terreur des armes, & par un appareil de vaiffeaux fuperbement armés. Cependant les progrès des Anglois, quoique lents & prefque infenfibles, leur caufoient de l'ombrage : & ils voulurent fouvent s'y oppofer. Mais plus diffimulés alors qu'ils ne le font aujourd'hui, les Anglois fouffrirent des contradictions & des injures affez marquées, & ils en remirent la vengeance à un autre tems. Les Hollandois enfin voyant que les Portugais étoient devenus lâches par leurs victoires mêmes & pareffeux par leur opulence, s'emparérent peu à peu, tantôt par furprife, tantôt à force ouverte, de leurs meilleurs établiffemens, & s'y affermirent au point de ne pouvoir en être chaffés. C'eft ainfi que s'eft formée & que s'eft accrue une République de Commerçans guerriers, enrichis des dépouilles de l'Orient, & qui dans la plus grande abondance connoît encore le prix de la frugalité, & renonce au luxe.

En 1664, on fongea férieufement en France à nouer quelque commerce avec les Indes Orientales : & ce qui y donna lieu, ce fut l'aventure fuivante. Quelques particuliers de Bretagne & de Normandie avoient acheté un navire à Amfterdam, qu'ils deftinoient au voyage des Terres Auftrales, tant pour y faire de nouvelles découvertes, que pour en rapporter des pierres (1) de mine d'or qu'on leur avoit dit s'y trouver en abondance. Ces particuliers fous différens prétextes, éprouvérent des difficultés fans nombre & qui naiffoient les unes des autres. Il fallut pour les furmonter, avoir recours à l'Ambaffa-

(1) On a été long-tems perfuadé que toutes les côtes des terres Auftrales étoient chargées de pyrites d'or, & d'un fable qui annonçoit la préfence de ce métal précieux. Les Anglois eux-mêmes y ont été trompés : mais on leur a fait voir que ces pyrites n'étoient qu'un compofé de foufre, de fel & d'une terre extrêmement légére. Telle eft leur nature reconnue par des épreuves réitérées. On eft aujourd'hui guéri de ces idées de richeffes imaginaires. Ce n'eft point vers les terres Auftrales qu'on doit rechercher les mines d'or. V. l'Effai fur la Marine des Anciens, p. 179.

A v

deur de France. Mais à peine les eut-
il délivrés des querelles injustes qu'on
leur suscitoit, à peine le vaisseau achevé d'armer fut-il descendu au Texel,
qu'il survint une tempête affreuse qui
le fit périr avec plusieurs autres bâtimens Hollandois, qui s'y étoient rendus pour partir de conserve.

Cette perte fut en quelque maniére
avantageuse au Royaume. Car plusieurs
de ces particuliers étant revenus à Paris, ils se faufilérent avec les principaux Marchands de cette grande Ville, & leur vantérent les profits immenses que les Hollandois faisoient aux
Indes Orientales, d'où ils retiroient
toutes sortes d'épiceries, des bois propres à la teinture & à la médecine,
des toiles de coton & des étoffes de
soye, enfin, mille curiosités très-re-
cherchées en Europe. Tous ces dis-
cours répandus à propos firent ouvrir
les yeux aux Marchands de Paris, qui
les avoient eu trop long-tems fermés,
& ils en écrivirent aux plus riches Négocians du Royaume, pour se concer-
ter ensemble & avoir leurs avis : le tout
sous le bon plaisir du Ministre, qui

avoit dans son département les Finances , la Marine & le Commerce. C'é-
toit le grand Colbert , cet homme intelligent , cet esprit créateur , à qui
les Arts , le Génie , les Manufactures,
l'industrie , doivent leur naissance &
leurs premiers accroissemens. Il pré-
vint le feu Roi sur l'utilité dont seroit
au Royaume le Commerce des Indes
Orientales : & ce Prince qui visoit toujours au grand , & qui par un heureux
instinct sçavoit démêler les hommes &
approuver leurs conseils ; ce Prince ,
dis-je , laissa à M. Colbert le soin d'é-
tablir une Compagnie sur le plan de
la Compagnie de Hollande qui avoit
si bien réussi. Le Roi voulut même y
prendre un intérêt : & son exemple fut
imité par tous les Princes du Sang , &
par les Chefs des Cours Souveraines.
Cette Compagnie , peu de tems après ,
prit le nom de Royale Compagnie de
France aux Indes Orientales.

Louis XIV fit quelque chose de plus.
Il nomma le S. de Lalin Gentilhomme ordinaire & le S. la Boulaye le Goux
qui avoit déja fait le voyage des Indes ,
pour aller de sa part à la Cour du Roi

de Perſe & à celle de l'Empereur des Mogols , & les engager puiſſamment à favoriſer le Commerce des François. La nouvelle Compagnie joignit à ces Envoyés trois de ſes Agens , afin de veiller particuliérement ſur ſes intérêts , & d'obtenir des conditions avantageuſes. Les Envoyés du Roi partirent (1) avec les Agens de la Compagnie : mais s'étant brouillés ſur la route les uns avec les autres , ils ne réuſſirent qu'en partie dans leur négociation.

Sur ces entrefaites arriva de Madagaſcar un navire que le Maréchal de la

(1) Des deux Envoyés du Roi , le Sieur Lalin qui étoit homme ſage & prudent , mourut en Perſe. Pour le Sieur la Boulaye le Goux , après avoir été à la Cour de l'Empereur des Mogols , il prit indiſcrettement la réſolution d'aller à la Chine par terre. Mais comme depuis ſon départ on n'a point entendu parler de lui , on ſoupçonne qu'il a été aſſaſſiné par quelque troupe de ces Tartares vagabonds qui n'épargnent perſonne. Je ne parlerai point des trois Agens de la Compagnie. C'étoit trois hommes qui , ſans habileté , n'avoient qu'une hauteur mal placée , & qui vouloient diſputer le pas aux Envoyés du Roi. Ils ſe nommoient Dupont , Beber & Mariage.

Meilleraye y avoit envoyé pour son
compte, & qui par d'heureuses aven-
tures, en revint richement chargé. Les
Officiers de ce navire vantérent ridi-
culement la fertilité de cette Isle, la
sûreté de ses ports, son abondance en
grains & en toutes sortes de gibiers,
sur-tout ses mines d'or d'autant plus
faciles à travailler, que cet or étoit presque à fleur de terre ; ce qui engagea
la nouvelle Compagnie à regarder Madagascar comme un poste avantageux,
& un entrepos capable d'assûrer son
Commerce aux Indes Orientales. Et
sans un plus long délai , elle résolut
d'armer quatre vaisseaux qui étoient le
saint Paul, le Vautour, la Vierge de
bon Port & l'Aigle blanc , où elle fit
embarquer tout ce qui étoit nécessaire
pour l'établissement d'une Colonie nais-
sante. Cette escadre soigneusement armée partit de Brest le premier Mars
1665 , & il sembloit que tout devoit
concourir au succès de son voyage. Cependant elle essuya divers contretems,
par la désunion qui s'étoit mise entre
les Officiers commandans à la mer, &
les Officiers destinés à fonder la Co-

Ionie : ce qui fut caufe que les quatre navires fe féparérent les uns des autres, & fouffrirent beaucoup dans les
relâches forcées qu'ils furent obligés de
faire.

L'Ifle de Madagafcar n'étoit pas un
pofte à s'y maintenir long-tems. Plufieurs navires armés pour le compte du
Maréchal de la Meilleraye, y avoient
péri : & les François qui s'étoient im-
prudemment éloignés du quartier général ou du Fort Dauphin, avoient été
affaffinés par les Naturels du pays, les
plus diffimulés & les plus traîtres de
tous les hommes. Ce Fort commencé
par les ordres du Maréchal, qui y te-
noit un Gentilhomme Breton appellé
Champmargon pour régir fes affaires,
n'avoit rien de recommandable. Il fervoit feulement d'entrepos & de lieu de
rafraîchiffement aux navires qui par-
toient de France, pour aller faire la
courfe dans la Mer rouge. Elle étoit
alors tolérée, quoique ce fût contre
le droit des Gens : & on croyoit que
paffé la ligne, tout étoit permis aux
vaiffeaux de guerre. Ces fortes de pil-
lages font aujourd'hui févérement dé-

fendus : & ceux qui ofent fe les permettre, font punis comme forbans. Auffi
Madagafcar abandonné des François,
eft-il devenu l'afyle de tous les gens
de mer qui fans commiffion d'aucun
Prince, & fous un pavillon qui annonce le brigandage & le meurtre, ne connoiffent ni amis ni ennemis, & attaquent indifféremment toutes les Nations.

Le Fort Dauphin que la nouvelle
Compagnie avoit acheté des héritiers
du Maréchal de la Meilleraye, étoit
fitué fur une ance qui pouvoit contenir en fûreté douze à quinze navires.
Mais ce n'étoit que l'apparence d'un
Fort bâti de cailloutage & de terre
détrempée, avec quelques magafins,
où tout dépériffoit par l'humidité. Autour de ce Fort couloient de petits
ruiffeaux, où l'été après les pluyes on
trouvoit des pierres de toutes couleurs,
que les François prirent pour des rubis,
des émeraudes, des faphirs, des topazes, des amethyftes. On en fit paffer une
grande quantité en France : mais les
Lapidaires s'apperçurent fans peine que

c'étoient des pierres molles, qui ne pouvoient ni se tailler ni recevoir aucun poli. Il fallut donc renoncer aux profits
qu'on espéroit d'en tirer, & ne plus se re-
paître d'une fortune chimérique. Quelques curieux cependant s'opiniâtrérent
à en ramasser, & les envoyérent furtive-
ment en Angleterre. Mais elles n'y furent pas mieux reçues, qu'elles l'a-
voient été en France.

Quinze mois après que la premiére
escadre composée de quatre vaisseaux
(1) fut partie des Ports de France, il
en partit une seconde composée de
douze vaisseaux, sur laquelle étoient
embarqués le Marquis de Mondevergue, nommé Lieutenant – Général au
Gouvernement de Madagascar, & Amiral des mers du Sud, & les Sieurs Caron & de Faye, Directeurs de la nou-

(1) De ces quatre vaisseaux, il n'y eut que
la Vierge de bon port qui retourna en France.
Les trois autres périrent. Le plus riche de ces
derniers étoit le Saint-Paul, sur lequel s'embarqua le Sieur Caron dont je parlerai dans la
suite, & qui fit naufrage à l'entrée de la riviére
de Lisbonne.

velle Compagnie. Ce qui jetta la confusion dans le Fort Dauphin, où il n'y avoit ni vivres ni logemens préparés pour tout ce monde qu'on n'attendoit pas. On ne put même y deviner quel avoit été le but d'un si grand armement, le Pays étant à peine connu, & la difficulté d'avoir des vivres augmentant chaque jour. La politique vouloit qu'on eût des Relations biens sûres & bien détaillées, avant que d'équiper une si puissante flotte. Mais l'impatience Européenne ne s'accommodoit point de cette lenteur : & on perdit tout en voulant tout hâter.

D'ailleurs, les caractéres n'étoient point assortis. Le Marquis de Mondevergue étoit d'Avignon, parlant toujours de sa naissance, fier envers ceux qui plioient devant lui, & souple envers ceux qui osoient lui résister ; insensible à la vérité qu'on lui présentoit, & aimant la basse flaterie, dépensant beaucoup, & s'appropriant des droits & des profits qui ne lui étoient point dûs. Aussi fut-il bientôt révoqué : & en arrivant en France, on le conduisit au Château de Saumur où il mourut,

fans être regretté. Pour ce qui regarde les deux Directeurs de la nouvelle
Compagnie, l'un (le Sieur de Faye)
étoit une ame molle & bourgeoife, qui
fous le prétexte du bien de la paix,
prétexte fouvent trompeur, fouffroit
toutes fortes d'affronts, & qui n'ofoit
réprimer les abus & les défordres dont
il gémiffoit en fecret, crainte de fe faire des ennemis puiffans & qui l'auroient
fait révoquer. L'autre (le Sieur Caron) étoit un homme fans patrie, fans
mœurs, fans religion. Né Catholique
Romain, il fe fit Calvinifte pour avoir
de l'emploi en Hollande : & y ayant
été démêlé, il fe refit Catholique Romain, pour s'introduire à la Cour de
France & s'y procurer une plus grande
fortune. La nouvelle Compagnie fe féli-
cita beaucoup d'avoir acquis un Sujet tel
que le Sieur Caron, qui fe vantoit de
connoître parfaitement le commerce
des Indes Orientales, & fur-tout celui
de la Chine & du Japon. Mais s'il avoit
toutes ces connoiffances, elles étoient
mal arrangées dans fa tête. Et d'ailleurs,
il fe fervoit de voies obliques & dé-
tournées, préférant fes intérêts propres

à ceux de la Compagnie qui l'avoit mis au timon de ces affaires. On s'apperçut même en quelques occasions qu'il trahissoit cette Compagnie, & se réjouissoit de ses pertes : & ceux qui osèrent lui en faire des reproches, devinrent ses ennemis implacables, qu'il chercha à perdre par toutes sortes de moyens. Tant de scélératesses ne demeurérent pas impunies. Le Sieur Caron eut ordre de revenir en France. Mais ayant jugé à propos de passer auparavant en Portugal, pour mettre ses trésors à couvert de toute recherche, le navire sur lequel il étoit embarqué, périt *corps & biens* à l'entrée de la riviere de Lisbonne.

Le Fort Dauphin ne pouvant contenir tout ce monde qui étoit arrivé de France, on fut obligé d'y en renvoyer une partie sur le vaisseau la Marie, avec un chargement de cuirs & de diverses sortes de gommes. C'est tout ce que l'Isle de Madagascar pouvoit alors fournir. L'autre partie fut destinée à de nouveaux établissemens de commerce : & l'on choisit Suratte (1)

(1) On peut comparer l'état où étoit alors Suratte avec celui où est aujourd'hui Cadix en

comme une des villes des Indes, où il y avoit un plus grand concours de Marchands & d'étrangers de toutes les nations. Mais il falloit y être continuellement sur ses gardes, de peur d'être trompé, les Indiens étant les plus adroits & les plus fins de tous les hommes en fait de commerce.

Dans ce même tems, la nouvelle Compagnie attacha à son service un

Europe : & comme tout l'or & tout l'argent du Perou & du Méxique se rendent à Cadix, pour se répandre ensuite dans le reste de l'Europe, de la même maniére tout l'or & tout l'argent de la Perse, de l'Arabie & des principaux Etats du Grand-Seigneur venoient à Suratte, pour se répandre de proche en proche dans les Indes. Ce grand commerce est bien tombé aujourd'hui : & deux choses y ont contribué. La première est la tyrannie des Gouverneurs Mahométans & de leurs Officiers, qui ont maltraité les *Banians* ou Courriers Indiens, tous idolâtres, en détruisant leurs Pagodes & leurs Temples d'assemblée : ce qui les a contraints de se refugier ailleurs. La seconde est le peu de soin que quelques nations Européennes ont eu de satisfaire à leurs engagemens : ce qui a fait languir le commerce, & l'a souvent interrompu. Et combien toutes ces interruptions n'ont-elles pas de suites fâcheuses ?

Arménien nommé Macara, natif d'Hif-
pahan, fouple & adroit, il fe plioit de
cent façons différentes pour parvenir à
fes fins : il prenoit tour à tour le maf-
que de la vertu & du vice. L'envie de
s'enrichir étoit la feule paffion qui l'a-
gitoit. D'abord, il paffa en Italie pour
y faire quelque commerce de pierreries : mais y ayant été foupçonné de
fraude & de manéges fecrets, on le
conduifit en prifon. En étant forti, il
fe refugia en France, où fe refugient
tous les Etrangers qui ont de l'efprit,
& qui fçavent fe faire valoir. Nous fommes volontiers leurs dupes. Macara
s'offrit de lui-même à la nouvelle Compagnie, qui le reçut avec diftinction,
& le fit partir fur la Flutte la Couronne, pour les Indes. Elle ne pouvoit
faire un plus mauvais choix. Macara
gâta toutes les affaires dont il fut chargé, & ne fervit qu'à ruiner la Compagnie par les intelligences qu'il entrete-
noit avec tous ceux qui lui étoient op-
pofés.

On juge par ce que je viens de dire,
quel tort dut faire, au commerce des
François qui ne difti nguoient point en-

core leurs véritables intérêts, la méchanceté suivie du Sieur Caron & de l'Arménien Macara. Heureusement que ces deux hommes ne furent pas long-tems unis, & qu'ils se brouillérent ensemble. Pour le Fort Dauphin, il ne resta depuis l'arrivée du Marquis de Mondevergue, qu'environ trente-cinq ans entre les mains des François qui l'abandonnérent à la fin. Deux raisons les y obligérent : 1°. la disette des vivres ; 2o. la perfidie des Naturels du pays, qui à leur tour se plaignoient que les François leur vendoient des menilles (1) d'étain & de cuivre argenté, à la place de menilles d'argent.

De Suratte, ainsi que du Comptoir le plus considérable qu'avoit la Compagnie aux Indes, on se répandit de

(1) On appelle menilles les anneaux de métal & même de verre, que les Sauvages & plusieurs Indiens portent à leurs bras & à leurs jambes. On les trompa d'abord, en leur vendant des menilles argentées pour des menilles d'argent. Plus défians dans la suite, ils ont été en garde avec les Européens. Je puis dire ici en général que les Sauvages, quoiqu'on en dise, dupes une première fois, ne le font jamais la seconde.

côté & d'autre pour former des liaisons, & acquérir des connoissances nouvelles. On fut à Moka, à Bassora, au Bander-Abassy. On fut encore à Calicut pour acheter du poivre, à Achem, à Massulipatham, à Golconde où étoit alors un Roi puissant. Mais par-tout éclatérent les divisions des François, & leurs querelles réciproques. Par-tout on rebuta les marchandises qu'ils apportoient avec eux, & qui ne furent vendues qu'à vil prix. C'étoient pourtant toutes marchandises envoyées d'Europe par les vaisseaux de la Compagnie, qui sans doute y avoit été trompée la première.

En 1672. M. de la Haye, Lieutenant-Général, arriva à Madagascar, avec une escadre de sept vaisseaux de guerre, accompagnée de quelques bâtimens de charge. Cette escadre jetta l'épouvante dans les Indes, sur-tout parmi les Hollandois. M. de la Haye étoit un homme de génie, actif, vigilant, sobre à l'excès, & fermé à tous les plaisirs ; mais qui à force de vouloir entrer dans les plus petites affaires,

manquoit fouvent les grandes. Peu
après fon arrivée, cinq navires armés
par la Compagnie, touchérent auffi à
Madagafcar. Deux des principaux Directeurs de Paris (les Sieurs Blot &
Güefton) étoient embarqués fur ces navires, avec un cortége nombreux de
gens deftinés au commerce. Ils avoient
ordre d'évacuer le Fort Dauphin, &
de faire paffer à Suratte tous les effets
de la Compagnie. M. de la Haye prit
auffitôt poffeffion de ce Fort au nom
du Roi, qui lui-même l'abandonna
quelques années après.

Quelle fut la furprife des deux Directeurs, en arrivant à Suratte, de voir
les défordres qui y régnoient, & combien peu la Compagnie avoit fait de
progrès aux Indes ! Malheureufement
qu'ils n'étoient ni l'un ni l'autre propres à y remédier. Laborieux par goût
& par une longue habitude, ils fe con-
fumoient fur les détails, & ne s'apper-
cevoient pas même de ce qu'il y a d'ef-
fentiel dans les affaires. Au furplus, c'é-
toient deux hommes d'un génie étroit
& ferré, qui par trop de défiance fe
laiffoient fouvent tromper, & par trop
d'œconomie

d'œconomie dépenſoient encore plus ſouvent mal-à-propos.

Pour revenir à M. de la Haye, je dirai qu'ayant terminé ſes affaires à Madagaſcar & mis un nouveau Gouverneur à Maſcareing, il partit pour Suratte, & mouilla dans la Baye de Sualis. Là, il prit les arrangemens convenables avec les Directeurs & les principaux Officiers de la Compagnie, pour pouvoir exécuter les ordres du Roi, & ſuivre les opérations dont il étoit chargé. Ces ordres conſiſtoient, 1°. à viſiter toutes les côtes des Indes, & à remarquer ſoigneuſement les lieux propres à y bâtir de petits Forts & des Comptoirs; 2°. à faire des alliances & des traités avec les Rois Indiens, & à obtenir d'eux des *firmans*, ou des permiſſions par écrit de s'établir ſur leurs terres. M. de la Haye auſſi vif que courageux dans ſes entrepriſes, rencontra par-tout une grande oppoſition du côté des Hollandois jaloux de nos avantages, & qui craignoient qu'avec le tems notre commerce ne prît un tour favorable. Ils armérent donc une forte eſcadre pour obſerver le Général François, &

pour l'empêcher surtout de prendre terre à l'Isle de Ceylon. M. de la Haye entra cependant malgré eux dans la Baye de Trinquemalaye au Sud-Est de cette Isle. Mais il y fut aussitôt bloqué par l'escadre Hollandoise, qui lui coupa si exactement les vivres, qu'elle le réduisit aux dernières extrémités, & qu'on assûre que plusieurs François moururent effectivement de faim.

Après s'être tiré d'un si mauvais pas, M. de la Haye alla mouiller devant la ville de Saint Thomé à une petite lieue au Sud de Madras, pour y faire des vivres & de l'eau. Cette ville appartenoit alors au Roi de Golconde, qui l'avoit enlevée aux Portugais, comme les Portugais l'avoient auparavant enlevée aux Arméniens. M. de la Haye envoya le Major de son escadre à terre, & fit demander au Gouverneur de Saint Thomé la permission d'acheter ce qui lui étoit nécessaire. L'insolent Gouverneur le refusa, avec des menaces encore plus insolentes. Sur quoi M. de la Haye fit armer toutes ses chaloupes, attaqua la Ville par mer & par terre, & s'en rendit maître. Cette action accrédita un

peu les François fur la côte de Coromandel, où depuis la fâcheufe entreprife de Ceylon , & les ménagemens
qu'on avoit eus pour les Hollandois,
ils étoient regardés de mauvais œil.

Saint Thomé parut à M. de la Haye
une place affez importante , pour en réparer les anciennes fortifications,& y en
ajouter de nouvelles : à quoi il fit travailler , & travailla lui-même avec un
grand foin. Car il ne croyoit pas que
ce fût déroger à la dignité de fon emploi , que de voir de fes propres yeux,
de quelle maniére s'exécutoient les ordres qu'il avoit donnés. Toutes ces précautions furent d'autant plus utiles,
que le Roi de Golconde au défefpoir
de la perte de Saint Thomé, affembla
une armée nombreufe pour reprendre
cette Ville. Mais après plufieurs événemens inutiles à détailler , l'armée fe
diffipa, & le fiége fut levé.

Les Anglois établis à Madras , ne
virent qu'avec une peine infinie que les
François s'étoient rendus maîtres de
Saint Thomé : & comme ils redou-
toient leur voifinage , ils eurent plufieurs démêlés avec M. de la Haye,

qui s'en tira par fa fermeté autant que par fa prudence. Quand le Général François crut les chofes pacifiées juf-qu'à un certain point, il partit pour Maffulipatam où la Compagnie avoit un Comptoir , mais à demi-ruiné. Ce voyage n'ayant point réuffi, M. de la Haye fâché de la démarche qu'il ve-noit de faire, retourna à Saint Thomé. Les gens du Roi de Golconde unis aux Hollandois, vinrent une fe-conde fois affiéger cette place, & lui coupérent les vivres du côté de la terre. Ce n'étoit que par hazard qu'on y en recevoit. D'un autre côté , les Hollan-dois dominoient fur la mer , & fer-moient l'entrée à tous les vaiffeaux qui vouloient approcher de Saint Thomé. Mais leur vigilance fut quelquefois trompée. A la fin pourtant M. de la Haye privé de tout fecours d'Europe, fut réduit aux plus cruelles néceffités. Une partie de fa garnifon avoit déferté : l'autre partie mouroit prefque de faim. Les Rois Indiens affectionnés aux François n'ofoient les affifter , crainte de fe brouiller avec les Hollandois qui étoient alors très-accrédités fur la côte

de Coromandel. Toute efpérance étant
ôtée à M. de la Haye, il affembla le peu
qui reftoit d'Officiers à Saint Thomé,
& leur avoua avec les termes les plus
touchans que n'y ayant plus que pour
un jour de vivres dans la place, il fe
voyoit forcé de la rendre aux Hollandois, & qu'il ne s'agiffoit plus que d'en
obtenir une capitulation honorable.
Elle fut accordée telle que la fouhaitoit le Général François. On ftipula de
plus qu'on lui donneroit deux vaiffeaux,
pour le ramener avec fa garnifon à
Breft ou au Port-Louis. Ainfi la ville de
Saint Thomé après un fiége de plufieurs
mois, paffa entre les mains des Hollandois, qui la remirent enfuite par ac-
commodement au Roi de Portugal, à
qui elle appartient encore aujourd'hui.

Pendant le fiége de Saint Thomé, M.
de la Haye avoit détaché le vaiffeau du
Roi le Flamen commandé par M. de
Blenac, celui qui a été depuis Gouverneur Général de la Martinique, pour
aller à Balaffor à l'entrée de la riviére
du Gange, dans le Royaume de Bengale. Ce vaiffeau s'y croyoit en fûreté,
à caufe de l'armiftice qui régne dans les

Etats de l'Empereur des Mogols, lequel ne reçoit aucune nation Européenne qu'à condition d'y cesser tout
acte d'hostilité. Cependant trois navires Hollandois surprirent le Flamen,
& s'en emparérent par une espéce de
trahison.

Les François ayant été mis à terre
& dépouillés de tout ce qui leur appartenoit, ils s'adressérent au Gouverneur Général de Bengale qui faisoit sa
résidence à Dacà, & qui étoit oncle de
l'Empereur Aureng-Zeb. La négociation fut confiée à un Gentilhomme
Breton nommé du Plessis de Hallegoët,
qui avoit beaucoup d'intelligence. Il
obtint du Gouverneur des ordres précis pour la restitution du Flamen, lequel cependant n'a jamais été restitué
par les Hollandois qui s'en défendirent
sous divers prétextes. Il en obtint de
plus des *firmans* très-amples & très-ho-
norables à la nation Françoise, par lesquels il lui étoit permis de s'établir à
Balassor, à Daca, à Ouguely, à Cas-
simbazar. Mais tout cela n'eut lieu que
quelques années après, soit manque de
fonds, soit par la négligence du Di-

recteur Général qui étoit alors dans les Indes à la tête des affaires. Il s'appelloit Baron, & étoit d'une opiniâtreté extraordinaire, n'écoutant perfonne & voulant par fon autorité l'emporter fur les fentimens de tous les autres. A l'égard du Sieur Guefton de qui j'ai déja parlé, il avoit pris affez légérement le parti d'aller à la Cour du Roi de Perfe, & de paffer de là à celle de l'Empereur des Mogols. Sa vanité fut mal récompenfée. Car il effuya dans ces deux cours des défagrémens infinis, qu'il auroit pu s'épargner, en y envoyant un des principaux Commis de la Compagnie.

A mefure que tous ces événemens fe fuccédoient les uns aux autres, les François fe ménageoient un puiffant protecteur. C'étoit Chircam Londi Prince & Seigneur de Pondicherri. Ils y eurent même de fon aveu un petit établiffement, qui s'accrut & fe fortifia par les fuites, & qui eft enfin devenu le chef-lieu de tout ce que la Couronne de France poffède aux Indes Orientales. Les fondemens de cet établiffement furent jettés par M. le Chevalier Martin, qui reçut quelque tems après la récompenfe qui étoit dûe à fes fervices, celle d'être fait premier Gouverneur Général de Pondicherri. Jamais homme ne fut plus défintéreffé que lui : & il marque en plufieurs endroits de fes Mémoires que j'ai entre les mains, qu'il fouhaitoit extrêmement que fes fucceffeurs fe piquaffent du même défintéreffement.

Les Hollandois qui vouloient s'approprier à eux feuls tout le commerce des Indes, s'intriguérent beaucoup, pour écarter les François de Pondicherri. Ils firent même à Chircam Londi des préfens confidérables. Mais quoiqu'à l'exemple des Princes Indiens, il n'en refufât aucun, il demeura toujours fidéle aux François, foit en leur donnant des avis utiles, foit en leur faifant prêter de l'argent fur des lettres payables à Suratte, lefquelles cependant ne furent jamais acquittées aux termes convenus. Mais c'étoit la faute de la Compagnie, qui n'envoyoit de France, ni les vaiffeaux, ni les fonds néceffaires à foutenir leur commerce.

Une chofe qui fit à M. le Chevalier
Martin tout l'honneur poffible au com-
mençement de fon adminiftration, ce
furent les foins qu'il prit d'un nombre
infini de malheureux, qui venoient implorer fon affiftance. Une pefte cruelle, & la plus cruelle peut-être de toutes celles qu'on ait vûes, avoit ravagé
les Royaumes de Golconde & de Vifa-
pour, & les lieux voifins. La famine,
fuite ordinaire de la pefte, lui avoit
fuccédé. Toutes les villes étoient dé
fertès. On ne voyoit que des morts &
des mourans le long des chemins, &
dans les campagnes abandonnées. Ceux
qui pouvoient encore fe traîner, vinrent à Pondicherri. On les empécha à
la vérité d'y entrer : mais M. le Chevalier Martin leur fit fournir des vivres
en abondance, & tous les remédes ufités
dans le pays. Ce qui lui couta des
fommes immenfes. Mais rien doit-il
couter, quand il s'agit de foulager des
hommes qui fouffrent ?

Siam étoit un grand pays tout ouvert, affez riche par lui-même & abon-
dant en diverfes productions de la Na-

ture, fort peuplé le long des riviéres ,
mais fujet à des inondations fréquen-
tes, foumis à un Gouvernement tyran-
nique, mais le peuple étoit trop lâche
pour s'en procurer un plus doux. Quoique les Etrangers euffent peu d'accès à
Siam, les Miffionnaires François, parmi lefquels (1) étoient trois Evêques
du premier mérite, trouvérent moyen
de s'y introduire, pour prêcher la Foi.

Leurs premiéres démarches ayant
réuffi, ils appellérent les Négocians
François, dans l'efpérance qu'en faifant leur commerce, ils feroient auffi
le bien de la Religion. Le Roi de Siam
vit de bon œil & les Miffionnaires &
les François établis dans fes Etats : &
même à leur perfuafion, il envoya des
Ambaffadeurs en France, lefquels péri-

(1) Je les nommerai ici d'autant plus volontiers, que leur mémoire eft encore dans les
Indes en grande vénération. Le premier s'appelloit Lambert, & étoit Evêque de Berythe.
Le fecond nommé Pallu, l'étoit d'Heliopolis ;
& le troifiéme nommé Cotto'andy, l'étoit de
Mettelopolis. On peut regarder ces trois Hommes d'une vertu confommée & d'un zéle ardent, comme les Fondateurs du Séminaire des
Miffions Etrangéres.

rent malheureufement fur le Soleil d'Orient, fans que jamais on ait eu des nouvelles de ce navire. Selon toutes les apparences, il s'entr'ouvrit à la mer , & perfonne ne rechappa.

Comme les François exagérent volontiers tout ce qu'ils fouhaitent , on affûra Louis XIV. que le Roi de Siam vouloit avec tout fon peuple embraffer le Chriftianifme ; qu'il demandoit à cet effet des Miffionnaires entendus , & accrédités par la Cour de France ; qu'il étoit enfin réfolu de lui accorder le privilége exclufif de commercer dans tout fon Royaume. Sur cela, Louis XIV nomma le Chevalier de Chaumont Capitaine de Vaiffeau pour fon Ambaffadeur à Siam , & l'Abbé de Choify pour fon Réfident après le départ de l'Ambaffadeur. Il les fit accompagner par plufieurs Eccléfiaftiques, tant Jéfuites, que des Miffions Etrangéres. Tout cela débarqua à Siam. Mais quel fut l'étonnement du Chevalier de Chaumont, quand il apprit en mettant pied à terre, que le Roi de Siam n'avoit jamais fongé à fe faire Chrétien ; qu'il étoit même très-éloigné de ce deffein ! Il trouva de plus le Sieur Conftance Phaulkon né dans l'Ifle de Cephalonie, à la tête des affaires, & qui gouvernoit impérieufement tout le Royaume.

On a beaucoup parlé dans l'Europe du Sieur Conftance. Mais je doute qu'on l'ait peint de fes couleurs naturelles. C'étoit à la vérité un homme d'un génie étendu, capable des plus grandes chofes, ferme, libéral, mais d'une ambition déméfurée, & d'une vanité infupportable. Il vouloit que tout s'abbaiffât devant lui : il haïffoit par caprice, & ne pardonnoit jamais : il pouffoit la vengeance jufqu'aux derniers excès. Quoiqu'il parut aimer les François, il les traverfa toujours fous main, piqué de ce qu'on ne lui avoit point donné le titre d'Excellence.

Le Chevalier de Chaumont le démêla fans peine, & partit très-mécontent de fes maniéres artificieufes. Il emmenoit avec lui, & fous la conduite du fameux Pere Tachard, les trois Ambaffadeurs de Siam qui ont fait tant de bruit en France. Mais il faut avouer ingénument que jamais honneurs n'y furent prodigués à des gens plus indignes, & qui en témoignérent dans la fuite moins de reconnoiffance. Ce fut le premier des trois Ambaffadeurs, qui caufa la grande révolution fi funefte aux François.

Louis XIV ayant fçu que le Roi de Siam n'avoit aucune envie de fe faire Chrétien, mais qu'il lui remettroit volontiers les deux principales Fortereffes de fon Pays : Louis XIV dis-je, choifit de nouveaux Ambaffadeurs (Mrs de la Loubere & Ceberet) pour fe rendre à Siam. Il y joignit un corps de troupes commandé par Mrs Des-Farges, de Bruant & Vertefalle, anciens Officiers d'Infanterie. Le premier avoit été Lieutenant-Colonel du Régiment de la Reine, & les deux autres étoient actuellement Majors de deux nouveaux Régimens. Ils avoient ordre de prendre poffeffion des Fortereffes de Mergui & de Bancop, qui font les deux clefs du Royaume de Siam, & en cas de refus, de s'en emparer de vive force. Bruant devoit être Gouverneur de Mergui, & Vertefalle de Bancop. La chofe paroiffoit aifée dans les commencemens : la fuite en fut très-malheureufe.

Le Sieur Conſtance ſurpris au dernier point de voir arriver un corps de troupes ſi nombreux, héſita quelque tems ſur le parti qu'il avoit à prendre. Mais comme il s'étoit engagé avec le Chevalier de Chaumont, de céder aux François Mergui & ſes dépendances, il ne crut pas les leur devoir refuſer. A l'égard de Bancop, les difficultés furent plus grandes. C'étoit une Fortereſſe qui dominoit ſur la riviére qui conduit à Siam & à Loüvo, de maniére qu'aucun bâtiment ne pouvoit ni monter ni deſcendre cette riviére, ſans être expoſé au feu du canon de Bancop. Les François y entrérent après quelques difficultés : & on leur permit de s'y fortifier.

Cependant les eſprits s'aigriſſoient dans tout le Royaume. Les Mandarins qui en ſont les principaux Seigneurs, ne voyoient qu'avec une eſpéce d'indignation, un étranger tel que le Sieur Conſtance à la place de premier Miniſtre, & les François preſque maîtres du Pays par les deux Fortereſſes qu'ils y occupoïent. Un de ces Mandarins nommé Opra Pytracha, homme de tête &

de réfolution, entreprit de changer la face des affaires, & méme de fe mettre fur le Trône. Il y réuffit malgré tous les périls qui l'environnoient, & il fit arréter le Sieur Conftance, à qui Louis XIV venoit d'envoyer des Lettres de Nobleffe avec le titre de Comte de Phaulkon, & le dépouilla de tous fes biens. Jamais révolution ne fut plus fubite.

Il ne manquoit plus à Opra-Pytracha, pour s'affermir fur le Trône, qu'à chaffer tous les François de Siam : & ce qui lui en facilita les moyens, ce fut l'imprudence des François eux-mêmes, furpris de je ne fçai quelle terreur panique. Le Sieur de Bruant Gouverneur de Mergui s'empara brufquement de deux navires Siamois, & s'y embarqua avec une partie de fa garnifon, laiffant le refte expofé aux plus mauvais traitemens. Son deffein étoit d'aller à Balaffor. Mais y ayant rencontré une forte efcadre que les Anglois y avoient envoyée, il fut fans raifon attaqué par leurs chaloupes armées, & obligé de fe rendre. On fit tous les François prifonniers de guerre, & on les tranſporta à Madras. Mais ils furent auſſitôt relâchés, & conduits à Pondicherri.

Pour M. Des-Farges, s'il avoit suivi les ordres du Sieur Conſtance & qu'il fût monté juſqu'à Loüvo, il auroit certainement empéché la révolution, quelque peu de troupes qu'il eût mené avec lui. Mais ſur des avis faux, & au lieu de montrer de la fermeté & du courage dans une occaſion ſi périlleuſe, il ſe renferma dans la Fortereſſe de Bancop, ſans réfléchir qu'il n'avoit ni vivres ni argent. Bientôt on vint l'y aſſiéger, & on le contraignit d'accepter une capitulation deshonorante. Pluſieurs Officiers ſubalternes s'y oppoſérent; mais ſans rien gagner ſur l'eſprit du Général. Un des premiers articles de la capitulation étoit que M. Des-Farges ſortiroit ſur le champ du Royaume, & qu'il s'embarqueroit avec tous les François dans deux navires qui étoient mouillés au bas de la riviére de Siam. Cependant il en reſta pluſieurs à terre, entr'autres M. l'Evêque de Mettelopolis & les Miſſionnaires François, qui ſouffrirent tous la peine du *chang.*

& celle de la *cangue*. Ce font deux gen-res de fupplice, dont fe fervent les Siamois envers les hommes les plus vils & les plus coupables. A l'égard du Sieur Conftance, il fut conduit dans un bois voifin de Loüivo, & là remis aux Brafpeints ou bourreaux du Pays, qui le maffacrérent à coups de fabre.

Le fort de Madame Conftance ne fut pas moins déplorable. Elle s'étoit réfugiée à Bancop, fous le Pavillon de France, & elle avoit montré une lettre par laquelle Louis XIV l'affûroit qu'il la prenoit, elle & toute fa famille, fous fa protection. Les Siamois irrités la de-mandérent avec hauteur : & M. Des-Farges eut la foiblefle de la leur ren-dre, foiblefle d'autant plus grande que tous les François jufqu'aux moindres foldats, frémiffoient d'une action fi in-digne. On ignore le genre de mort de Madame Conftance : on fçait feulement qu'elle fut expofée aux tourmens les plus rigoureux. Mais elle étoit Japonoife, & elle avoit une force d'efprit au-deffus de fon âge & de fon fexe.

Telle fut la fin de la révolution de Siam, où l'on ne doute point que les

Hollandois n'ayent eu bonne part. Les Jéfuites eurent feuls un fauf conduit, pour fe retirer librement, à l'exception du Pere de la Breüille, qui fût jetté dans les prifons obfcures. Mrs de la Loubere & Ceberet, Ambaffadeurs de France, étoient partis avant la (1) révolution.

Je reviens à Pondicherri, où les François, comme je l'ai déja remarqué, s'étoient établis fous la protection de Chircham Londi. Ils n'y eurent d'abord qu'une maifon toute fimple, avec des magafins. Mais en ayant dans la fuite acheté la Seigneurie & le Domaine utile, ils y bâtirent un Fort flanqué de plufieurs tours, & dont les courtines étoient défendues par des redoutes. Ces

(1) Ces deux Ambaffadeurs étoient de caractére bien différent. Le premier n'avoit que de la roideur & de la dureté dans l'efprit, voulant tout emporter de vive force, fans laiffer aux affaires le tems de mûrir. Le fecond étoit fouple & infinuant. Il gagnoit beaucoup à être connu : & ceux qui le connoiffoient une fois, fe prêtoient fans répugnance à tout ce qu'il vouloit leur perfuader. Il eft mort Intendant de la Marine à Dunquerque.

Fortifications ne pouvoient fervir que contre un coup de main. Elles engagérent cependant plufieurs familles de gens du Pays, & fur-tout d'ouvriers en toiles de coton, de former un village fous les murs de Pondicherri, & d'y travailler pour le compte de la Compagnie : ce qui lui étoit d'un grand avantage.

Mais à mefure que cette ville fe perfectionnoit, & qu'elle acquéroit de nouveaux habitans, la jaloufie des Hollandois fe réveilloit : & elle s'accrut à un tel point, qu'ils réfolurent de l'affiéger dans toutes les formes. La commiffion en fut donnée au Sieur Laurens Pit, Confeiller extraordinaire des Indes, Gouverneur & Directeur Général de la Côte de Coromandel. Il vint mouiller devant Pondicherri le 24 Août 1693. avec dix-fept vaiffeaux de guerre, & feize bots, demi-bots, champannes, paros, & autres bâtimens en ufage dans le Pays. Dès le lendemain de fon arrivée, le Sieur Laurens Pit ordonna le débarquement des troupes, auquel les François ne purent s'oppofer. M. le

Chevalier Martin étoit alors Gouverneur de Pondicherri, & il avoit sous ses ordres le Sieur de la Roche du Vigier, que M. Des-Farges y avoit laissé pour Commandant des troupes. Mais à peine ces troupes consistoient-elles en trois cens hommes : & encore de ces trois cens hommes, on ne pouvoit guéres compter que sur vingt-cinq ou trente. Les autres soldats étoient des misérables, tirés des Maisons de force, ou surpris en demandant l'aumône avec insolence, lesquels on envoyoit aux Indes par punition.

On juge bien qu'avec de pareils secours, Pondicherri ne pouvoit longtems se défendre. Aussi fut-il obligé de capituler le 6 du mois de Septembre suivant : & la capitulation fit honneur aux François. M. le Chevalier Martin fut conduit à Batavia avec le Sieur de la Roche du Vigier, & de là à Bengale. Il y resta jusqu'à la conclusion de la paix de Riswick. Pondicherri fut alors rendu à ses premiers Maîtres : & M. le Chevalier Martin en eut le Gouvernement pour la seconde fois, avec de nouvel-

les diftinctions & des Lettres de Nobleffe que lui accorda Louis XIV. Jé
ne puis m'empêcher de dire à la louan-
ge de ce grand Prince, que pendant
fon régne tout mérite, toute vertu,
toute efpéce de talens ont été récom-
penfés.

Diverses Remarques sur les Isles de Mascareing & de Madagascar.

I.

L'Isle de Mascareing, appellée depuis l'Isle Bourbon, est une des meilleures relâches qu'on puisse avoir en allant aux Indes Orientales. Tous les Navigateurs Européens y abordoient autrefois : il n'y a plus aujourd'hui que les François, à qui cette Isle appartient. Elle est extrêmement fertile, sur-tout dans les endroits qu'on nomme de bonne terre. Les légumes d'Europe y reussissent parfaitement bien, & les animaux nécessaires à la vie & transportés d'ailleurs, y ont considérablement multiplié.

Le pays est fort sain, & les malades qu'on porte des vaisseaux à terre, y sont bientôt soulagés : ce qui arrive sur-tout aux matelots & aux soldats attaqués du scorbut. On prétend qu'il n'y avoit autrefois à Mascareing aucun animal venimeux, ni rats, ni souris, ni serpens, ni couleuvres, ni crapaux : rien n'est aujourd'hui plus commun que d'en rencontrer. Pour les rats, c'est par les navires qui y ont abordé, & qui en étoient eux-mêmes infectés, que cette Isle l'a été peu à peu. On dressa d'abord des chiens, pour leur donner la chasse : on employa d'autres moyens dans la suite, pour les détruire ou du moins pour en diminuer le nombre.

L'intérieur de l'Isle de Mascareing est rempli de hautes montagnes, qu'on voit de fort loin à la mer. De ces montagnes découlent plusieurs petites riviéres d'une eau extrêmement nette : ce qui est d'un grand avantage pour les vaisseaux qui vont d'Europe aux Indes, ou qui viennent des Indes en Europe. On a vû quelquefois s'élever du haut de ces montagnes, des tourbillons de feu qui se perdoient dans les nues. Il y a même un canton à Mascareing qu'on nomme le pays brûlé, & où l'on ne trouve ni arbres ni aucunes fortes de plantes. La terre est couverte de cendres ; les pierres & les roches voisines font toutes noires: marques certaines que

le feu y a paſſé. Mais depuis aſſez long-
tems il ne ſort plus ni flammes ni fu-
mée de ces montagnes.

Le gibier eſt auſſi bon à Maſcareing,
que tout le poiſſon qui ſe trouve dans
les étangs & les riviéres. L'aloës ſucco-
trin y eſt fort commun : mais c'eſt-là un
objet peu important pour le commerce. On y fait préſentement du ſucre :
on y cultive du tabac, de l'indigo, &
du caffé. Je ne ſçai ſi l'on peut eſpérer
que ce caffé deviendra meilleur dans la
ſuite : il eſt aujourd'hui très-âpre & très-
déſagréable au goût. Pour le ſucre &
l'indigo, ce ſont des denrées d'un ſûr
& prompt débit dans le Golfe de Perſe.

Les Anglois & les Portugais paſſent
pour les premiers Européens, qui ayent
été à l'Iſle de Maſcareing. Il y a apparence qu'ils n'y trouvérent point d'habitans, & que les peuples voiſins, ſoit
de Madagaſcar, ſoit de la terre-ferme
d'Afrique, ne venoient dans cette Iſle
que pour chaſſer & faire du bois, &
qu'ils s'en retournoient auſſitôt chez
eux. Les François en 1665 s'y établi-
rent à demeure, & la Colonie ſous le
nom de l'Iſle Bourbon, leur fait autant
d'honneur

d'honneur par le bon ordre qui s'y obferve, qu'elle leur eft utile pour la relâche de leurs vaiffeaux.

I I.

Aucune terre ne feroit plus fertile que Madagafcar, ni plus abondante en toutes fortes de productions de la Nature, fi les Habitans étoient plus laborieux. Mais ils ne cultivent précifément que ce qu'il leur faut de terrain, pour fe nourrir eux & leur famille : en forte qu'ils menent une vie errante & miférable, quand la récolte manque. Ils fe font alors la guerre les uns aux autres, & fe dépouillent mutuellement. Tout le pays eft comme au pillage.

Le riz eft la principale nourriture des Habitans de Madagafcar. Ils ont outre cela diverfes fortes de racines & de fruits, qui viennent fans culture, & qu'on pourroit aifément bonnifier, en y donnant quelques foins. Ces Habitans fe préparent avec le miel fauvage & le jus qu'ils expriment des cannes à fucre, une boiffon également flateufe au goût & enyvrante. Les jours de fête & de cérémonie, tous fe raffemblent dans les villages, hommes & femmes, & on prend de cette boisson sans aucun ménagement. Aux danses succédent les actions les plus indécentes. Tout est alors permis, & les bienséances mêmes ne sont point observées. La nuit, dit-on, couvre ce qui seroit honteux pendant le jour.

A quelques cérémonies près qui sentent le Judaïsme, on ne voit dans l'Isle de Madagascar aucune trace de religion ni de culte extérieur. Quoique les Habitans ne manquent pas d'une espéce de génie, on n'a jamais pu leur faire comprendre qu'il y a un premier Etre, un Etre suprême qui gouverne tout. Ils croyent que ce qui arrive, arrive nécessairement, & que les choses ont toujours été comme elles sont aujourd'hui. Ils reconnoissent cependant un Génie malfaisant, à qui ils attribuent une envie démésurée & continuelle de leur nuire. Mais ils ignorent quelle est la nature de ce Génie, & ce qu'il faut faire pour l'adoucir & l'appaiser.

Je viens maintenant à l'Histoire Naturelle de Madagascar. On y trouve de très-beau crystal, mais si engagé dans les rochers où il se forme, qu'on a tou-

tes les peines du monde à l'en délivrer.
On y trouve auſſi de l'indigo, du tabac
de la meilleure eſpéce, du gingembre,
de l'eſquine, mais petite & noueuſe,
enfin, différentes ſortes de gommes. Si
les Habitans étoient moins pareſſeux,
ils tireroient un excellent parti de toutes ces denrées. Mais l'indolence dans
laquelle ils vivent, les rend peu ſenſi-
bles au gain. Le préſent ſeul les occupe ; ils ne ſongent point au lendemain.

La chaſſe eſt très-abondante à Madagaſcar, mais il faut s'éloigner de dix
ou douze lieues de la côte, pour trouver de bon gibier. Plus près il a un goût
de marécage, auquel on ne s'apprivoiſe
jamais. Les oyes ſont fort groſſes dans
cette Iſle. Les mâles portent ſur la tête
à la maniére des coqs, une crête fort
longue.

Il y a dans les bois de Madagaſcar
une eſpéce de ſangliers qui ont ſur la
hure, un peu au-deſſus des yeux, deux
cornes très-acerées : ce qui joint à leurs
défenſes ordinaires, en rend la chaſſe
infiniment dangereuſe. Il y a auſſi dans
ces bois, & ſur-tout dans les lieux ma-
récageux, une eſpéce d'amphibie qui

tient du renard & du castor, & qui a
deux défenses comme les sangliers. Les
chiens craignent cet animal, & n'osent
donner dessus. Il faut même le tuer d'un
peu loin à coups de fusil.

Toute cette Isle est pleine de lézards,
qui ne font à la vérité aucun mal : mais
il faut se garder, en voyageant le long
des riviéres, du plus grand de tous qui
est le crocodile. Cet animal vient à terre, pour y prendre son repos : mais il
est furieux, quand on le reveille. Je ne
parlerai point des couleuvres d'eau,
dont la grosseur & la longueur sont prodigieuses. Au lever & au coucher du
Soleil, après avoir brouté l'herbe qui
est sur les rivages, elles s'entortillent
autour des plus grands arbres : & il y
a apparence que, si elles s'entortil-
loient de la même maniére autour du
corps d'un homme, elles l'étoufferoient
certainement (1).

(1) On assûre que dans le Danube il y a
de pareilles couleuvres d'eau, qui attaquent
les personnes assez imprudentes pour se bai-
gner à l'écart, & dans des endroits peu fré-
quentés. Ces couleuvres se roulent autour
de leurs jambes & de leurs cuisses, & les atti-
rent au fond de la riviére, où elles sucent
leur sang.

MEMOIRE
ABREGE' SUR LE

Cryſtal de roche , principalement ſur celui qu'on trouve en quelques endroits de la Baſſe-Bretagne,

Non fingendum aut excogitandum,
sed inveniendum quid Natura
faciat aut ferat.

Baco.

Tom. III.
Pag. 54.

MEMOIRE

ABREGE' SUR LE CRYSTAL de roche, & principalement fur celui qu'on trouve en quelques endroits de la Baſſe-Bretagne.

LEs mines & les roches ſi eſtimées & gardées avec tant de ſoin, qui dans les Royaumes d'Ava, de Pegu & Golconde, fourniſſent les diamans; ces mêmes roches (1) & ces mines y four-niſſent auſſi le Cryſtal : en ſorte qu'on pourroit le nommer un diamant im-parfait & ébauché, comme on pour-roit nommer le diamant un cryſtal ache-vé & parfait. La différence qui eſt en-tre ces deux pierres, vient de la cauſe

(1) V. les Relations de Tavernier, & de quelques autres Voyageurs, ſoit Anglois, ſoit Hollandois. J'ajouterai ici que toutes ſortes de pierres, tant les communes que les précieuſes, & même les pétrifications, parviennent en Aſie à un degré de dureté beaucoup plus con-ſidérable que dans les autres parties du monde.

C iiij

suivante. Dans le diamant, les lames qui le forment, sont d'une extrême finesse & très-rapprochées les unes des autres ; ce qui fait sa dureté & sa solidité : au lieu que dans le Crystal de roche, les lames qui le forment, sont & plus grandes & plus écartées les unes des autres ; ce qui le rend moins compacte & moins ferme, quand on le veut travailler. Et je conjecture que l'intervalle qui sépare ces lames, est rempli de parties hétérogenes, soit salines, soit aqueuses, qui suivant leur nature, changent celle du crystal & en augmentent ou en diminuent la valeur & l'éclat.

Quoique les lames qui forment le diamant, soient aussi rapprochées qu'elles peuvent l'être, il ne laisse pas de se trouver encore entre-elles quelques particules d'eau qu'on fait évaporer, en brûlant le diamant après qu'il est taillé. Cette opération rapide, loin de lui faire aucun tort, ne sert qu'à lui donner un œil plus vif, en nettoyant tout ce qui pouvoit le ternir. Le feu est un fluide si actif qu'il s'insinue partout : aucun obstacle ne le retient, aucune barriére ne l'arrête. Il épure jusqu'au diamant même.

Comme fa dureté vient de la *cohé-sion* de toutes fes parties, c'eft-à-dire, de cette force fecrette qui fait qu'elles font intimement unies, qu'elles *adhérent* les unes aux autres: on peut affûrer que les autres pierres précieufes ont auffi plus ou moins de dureté, fuivant que la tiffure de leurs parties eft plus ou moins ferrée. Et la preuve de ce que j'avance ici, eft la diverfité des couleurs qui diftinguent ces pierres précieufes: diverfité qui ne peut venir que des vapeurs ou métalliques ou minérales, qui s'infinuent entre les lames dont elles font compofées. Et ces vapeurs pouvant être plus ou moins fubtiles, les pierres dont je viens de parler, font plus ou moins colorées & tranfparentes. Quelques-unes reftent toujours opaques: quelques-autres à demi-opaques & à demi-tranfparentes: quelques-autres enfin font de quatre ou cinq couleurs différentes, c'eft-à-dire, qu'elles font à la fois faphirs, amétiftes, rubis, aiguemarines, topazes orientales. Quoi qu'il en foit, toutes ces couleurs font produites par les vapeurs ou métalliques ou minérales, qui fe gliffent entre

les lames des pierres précieufes colorées. Le diamant feul par fa dureté &
fa folidité , ne laiffe aucune entrée à ces
vapeurs : elles ne peuvent le péné-
trer. Sa réfiftance eft égale dans toutes
fes parties.

J'ai dit que le Cryftal fe trouvoit
communément engagé dans des roches :
d'où lui eft venu le nom de Cryftal de
roche. Les Anciens avoient fait la même remarque : fur quoi Pline rapporte
avec furprife ce qu'avançoit un certain
(1) Xenocrate d'Ephefe , *aratro in Afiâ
& Cypro excitari ; non enim inveniri in
terreno , nec nifi inter cautes creditum
fuerat.* Pline ajoute que le même Xéno-

______

(1) La furprife de Pline étoit fondée. Car la
mefure de nos connoiffances dépend des obfervations faites dans le tems où nous vivons.
Lorfque ces obfervations s'accroiffent , on ac-
quiert de nouvelles connoiffances : on étend
les précédentes , & on les corrige fans peine.
Tout le monde fçait aujourd'hui qu'on trouve
en plufieurs endroits du Nord , des Cryftaux
foffiles très-beaux & très-grands : & Jean Scheffer dans fa Defcription de la Lapponie , remarque que les Lappons s'en fervent à la place des
pierres a fufil qui leur manquent.

crate avançoit une chofe plus vraifem-
blable ; fçavoir, que les torrens qui dé-
couloient des hautes montagnes, en-
traînoient quelquefois des morceaux de
Cryftal : *Similius vero eft, quod idem
Xenocrates tradit, torrentibus fæpe depor-
tari.* En effet, les torrens groffis par les
eaux de pluie, détachent infenfiblement
des rochers au travers defquels ils paf-
fent, les corps qui y font renfermés,
foit diamans, foit cryftaux, foit or ou
argent. Ceux qui habitent les pays où
font fitués ces rochers, ne manquent
point de profiter des dépouilles que les
crues d'eau leur enlévent : & ils y courent en foule.

On fçait préfentement que les diamans qui viennent du Bréfil, ne fe tirent
pas immédiatement des rochers où ils
fe forment, mais qu'on les trouve dans
une petite riviére nommée *do Milho
Verde* dans la Province de *Serro do Frio*,
où ils roulent avec des pailletes d'or &
du fable talqueux. Ces diamans qui
n'ont été bien connus qu'en 1728 &
que le Roi de Portugal fe réferve foi-
gneufement, n'ont point la même dureté, & ne peuvent recevoir le même

C vj

poli, que les diamans qui viennent des
(1) Indes Orientales : ce qui en diminue de beaucoup le prix.

Il y a apparence que les parties intégrantes de tous les corps ont une figure
déterminée & inaltérable. Ces parties
forment par leur attachement mutuel,
& par leur *cohérence* , différentes efpéces de corps réguliers ; & les maſſes qui
en proviennent, font compoſées de parties entiérement ſemblables entr'elles :
ce qui ſuppoſe une volonté antérieure
dans le grand Ouvrier, qui a tout fait
& tout arrangé pour des fins que nous
ignorons , & que vraiſemblablement
nous ignorerons toujours. C'eſt ce que
tous les Philoſophes doivent avouer
ſans peine. Rien n'a été fait que pour
une cauſe : & ſi cette cauſe nous eſt inconnue, elle n'en eſt pasmoins certaine.

Les parties intégrantes du Cryſtal
ſont pyramidales , les unes triangulaires , les autres quadrangulaires, les autres ayant un plus grand nombre d'an-

____

(1) On peut dire du diamant, ſans crainte
de ſe tromper, ce que Pline diſoit du Cryſtal :
Indicâ nulla præfertur. Hiſt. Natur. lib. 37.

gles & de côtés : & non-feulement ces
parties intégrantes font telles, mais les
maffes qu'elles forment, n'offrent qu'un
amas de pyramides placées les unes au
deffus des autres fans ordre, & confu-
fément. Les Naturaliftes, comme Mrs
Bourguet & Haller, difent qu'ils ont
vû de ces maffes qui pefoient trois &
quatre quintaux (1).

L'organifation du Cryftal étant connue comme elle l'eft, on a appellé cryf-
tallifations certaines formations qui en
approchent ou femblent en approcher
par leur ftructure ; formations dûes in-
variablement à une folution de fel expofée dans un lieu frais. Malgré l'efpéce

(1) Il faut diftinguer le Cryftal de Roche,
de celui qu'on nomme Cryftal d'Iflande, qui
a la propriété finguliére de repréfenter doubles
tous les objets qu'on regarde au travers. Ce
dernier n'eft point un véritable cryftal : c'eft
une efpéce de tale, ou plutôt de pierre fpéculaire, plus dure & plus fine que le plâtre communément employé. L'Auteur de l'Hiftoire
Naturelle d'Iflande dit qu'on trouve de ce Cryftal en plufieurs endroits d'Allemagne, & que
les Mineurs Allemands l'appellent tantôt
fpaat luifant, tantôt *fpaat* fpéculaire. Sa figure
eft rhomboïdale.

d'uniformité que garde l'eau , il s'élève
sur sa surface une infinité de parties an-
guleuses & presque insensibles, qui se
joignant ensembles , prennent des figures semblables à celles qu'affectent les
sels d'où proviennent ces crystallisa-
tions. Elles paroissent être à ces mêmes
sels ce qu'est la végétation aux plantes,
& ce qu'est la vie , soit à l'homme soit
aux autres animaux (1).

Ces préliminaires supposés , je viens
à quelques observations que j'ai faites
en Basse-Bretagne sur le Crystal. Si elles
ne sont pas des plus importantes , du
moins elles font voir qu'on ne doit rien
dédaigner en Physique. Et combien dans
les différentes Provinces du Royaume,
n'a-t-on point négligé d'observer ce
qu'il y a de curieux, d'intéressant, & de
(2) singulier ?

(1) On peut dire que par la crystallisation
les sels semblent vegeter , comme par la végétation les arbres semblent avoir une vie qui
leur est propre. *Tota Natura* , avoue Pline ,
animata est.
(2) Il seroit à souhaiter que dans la Capitale
de chaque Province on établît une Société Lit-

A une demi-lieue de Landerneau, petite ville de Baſſe-Bretagne où ſe fait un commerce de toiles aſſez conſidérable pour Cadix : à une demi-lieue, dis-je, de cette ville, ſont ſitués pluſieurs rochers au-deſſus deſquels étoit bâti le Château de la Roche appartenant à l'ancienne & illuſtre Maiſon de Rohan. Ce Château eſt totalement ruiné. Il n'en reſte que les ſouterrains qui ſont fort ſpacieux, & creuſés dans le roc, & qui apparemment ſervoient autrefois de retraite aux vieillards, aux enfans, aux

teraire & Politique, dont le but ſeroit 1°. de nous donner une Carte exacte & circonſtanciée de la Province ; 2°. de nous marquer en détail les productions naturelles qui s'y trouvent ; 3°. de nous faire le dénombrement des Manufactures qui y fleuriſſent & des induſtries particuliéres des Arts qui s'y exercent. Je crois que de pareilles Sociétés Litteraires, ſi elles étoient bien établies & bien conduites, vaudroient bien toutes ces Sociétés obſcures qui ſe multiplient dans les Provinces, & ne font qu'y entretenir le faux bel-eſprit. J'ai adreſſé ſur cela une Lettre à un illuſtre Magiſtrat, qui ſe plaignoit que dans la Capitale de ſa Province il n'y avoit point d'Académie, ni de prix fondé. Cette Lettre ſera bientôt rendue publique, & j'y développerai ma penſée.

femmes & aux filles, lorſque les Bre-
tons de l'Iſle (ce ſont les Anglois) venoient faire des deſcentes dans l'Ar-
morique. Il n'en reſte encore que quelques murs d'une épaiſſeur extraordinaire, & accompagnés de petites redoutes , telles qu'on les ſçavoit faire
alors : ce qui mettoit le Château à l'é-
preuve d'un coup de main.

J'en ai fait deſſiner les ruines, ne les
ayant vûes nulle part, ni dans l'Hiſtoire
générale de Bretagne, ni dans les Mémoires particuliers qui y ont rapport.
Je me flate que ce deſſein plaira aux
Curieux , & aux Amateurs des Antiqui-
tés Celtiques.

Tous ces amas de rochers ſont pleins
de Cryſtaux, qui affectent, ſelon leur
nature, la figure pyramidale : mais cette
figure varie à l'infini. Dans quelques
Cryſtaux, elle eſt triangulaire ; dans
d'autres quadrangulaires ; dans d'autres enfin d'un plus grand nombre de
côtés , comme je l'ai déja remarqué
ci-deſſus. Toutes ces variétés n'empêchent point que le plan de la Nature
ne ſoit uniforme. Elle a donné invaria-
blement au Cryſtal la figure pyrami-

dale. Mais que la pyramide ait plus ou moins d'angles & de côtés, qu'elle ſoit droite ou panchée : cela ne change rien au plan de la Nature, qui eſt général & uniforme.

Je ne ſçai ſi l'on a fouillé autrefois dans ces rochers, pour en tirer du Cryſtal. Tout ce que j'ai appris, & même ce que j'ai vû, c'eſt qu'il s'en détache quelquefois des fragmens aſſez conſidérables qui renferment des Cryſtaux de différentes groſſeurs. Ils paroiſſent au premier coup d'œil ſales & jaunâtres : mais je ſuis perſuadé que s'ils étoient brûlés, & qu'on les travaillât avec ſoin, on en tireroit un bon parti. D'ailleurs, c'eſt une production née dans le pays, & dont il eſt à propos de faire uſage préférablement aux productions étrangéres (1).

(1) Les perſonnes en place ne doivent rien avoir plus à cœur, que de connoître les richeſſes naturelles de chaque Province, & en les connoiſſant, de faire enſorte qu'on les employe pour le bien du Royaume & le ſervice utile des Citoyens. Il n'y a que des faux délicats qui courent après ce qui vient de l'étranger, & qui dédaignent ce qui eſt travaillé dans le pays qu'ils habitent. Je n'en donnerai pour

Outre les Cryſtaux dont je viens de parler, je dirai que tous les rochers qui bordent les côtes de Bretagne & les rendent inacceſſibles, excepté en peu d'endroits, fourniſſent également des pierres ſemblables. Quand on eſt obligé de faire ſauter quelques-uns de ces rochers avec de la poudre à canon, ſoit pour bâtir des magaſins, ſoit pour élever des batteries, on trouve des Cryſtaux en forme de quilles, qui ſont comme collées les unes aux autres : & il faut, pour les ſéparer, uſer de quelque violence. Le plus ſouvent on rencontre des morceaux de roche vive, ſur leſquels paroiſſent comme enchaſſées des pointes de Cryſtal ſans nombre. Ces pointes regardées avec une loupe forte, ſemblent être une véritable ſemence cryſtalline. J'appelle ainſi les premiéres molecules formées par le ſuc cryſtallin filtré à travers des rochers, & je ne doute pas que ces molecules

preuve que la porcelaine de *Saxe*, qui n'eſt à proprement parler, qu'un verre enduit d'un beau vernis. J'avoue cependant qu'il y auroit ſur cela quelques régles à ſuivre, & quelques ménagemens à prendre.

n'euſſent acquis un plus grand volume dans la ſuite, étant arroſées par un nouveau ſuc de même nature.

J'ai vû quelques-uns de ces morceaux de Roche vive chargés de pointes de Cryſtal, qui avoient une ſorte d'arrangement & de ſymmétrie très-agréables à la vûe. Ils paroiſſoient un ouvrage refléchi de l'art, plutôt qu'une production fortuite de la nature (1).

(1) J'ai envoyé à feu M. du Fey excellent Phyſicien, quelques curioſités de cette eſpéce. Elles doivent s'être trouvées dans ſon cabinet, après ſa mort.

MEMOIRE
Sur quelques effets singuliers du Tonnerre.

MEMOIRE

SUR QUELQUES EFFETS
singuliers du Tonnerre.

ON lit dans divers Traités de Physique Anglois, que le Tonnerre dérange toutes les Bouſſoles voiſines du lieu où il tombe, & ôte aux (1) aiguilles aimantées leur direction vers le Nord. Il y a même là-deſſus une obſervation aſſez détaillée du Docteur Liſter, Médecin célébre de Londres, & avantageuſement connu par ſon *Hiſtoria Animalium Angliæ, Lond.* 1678. Cette obſervation n'a point été autant

(1) Pour avoir une juſte idée des effets de l'aimant, il faut connoître les principaux effets de l'attraction. Samuël Clarke qui a traduit la Phyſique de Rohault, en parlant de deux aimans qui s'approchent l'un de l'autre, dit ſenſément dans une de ces notes : *Eſt etiam inter eos aliqua vera attractio.*

suivie qu'elle méritoit de l'être : ce qui arrive quelquefois en Physique, où il y a des expériences accréditées & de mode, comme aujourd'hui celles de l'Electricité, & d'autres qu'on néglige absolument & qui tombent dans l'oubli.

Il y a eu cependant depuis Lister, quelques observations faites sur cette matiére, mais si rapidement, qu'elles paroissent comme jettées au hazard. Les premiéres se trouvent dans les Transactions Philosophiques, (num. 127, & 157.) où il est dit que le Tonnerre tombant sur un vaisseau, l'aiguille aimantée change de direction, & que la pointe qui regardoit le Nord, se tourne subitement au Sud & ne revient au Nord qu'après y avoir été peu à peu ramenée avec une main adroite. Quelquefois cette pointe s'arrête à l'Est ou à l'Ouest, un peu plus ou un peu moins, sans qu'on puisse en déviner la cause. La derniére observation est de M. Muschenbrok. Il rapporte que le 19 Mai 1730, le Ciel étant pénétré d'éclairs qui embrassoient tout l'Hemisphere, il trouva qu'une aiguille aimantée qu'il con-

servoit

servoit pour différens usages, avoit perdu tout à coup sa qualité, & ne disoit plus rien de ce qu'elle devoit dire.

Dans le temsque je séjournois dans les Ports de mer (1) qui sont situés sur l'Océan, j'ai entendu plusieurs Navigateurs se plaindre des ravages, &, si je l'ose dire, des révolutions que le Tonnerre avoit causés dans leurs vaisseaux. Un entre autres m'a assûré qu'étant en 1726 dans la rade du Fort-Royal de a Martinique, il avoit vû le tonnerre tomber trois fois sur le navire qu'il commandoit : ce qui avoit désanimé toutes les aiguilles de ses boussoles, & les avoit rendues *folles*, c'est-à-dire qu'elles tournoient continuellement sans jamais s'arrêter. On éprouve quelque chose de semblable, à l'approche des Terres Australes. Les aiguilles aimantées deviennent *folles*, mais elles se remettent peu à peu. Pour la variation, elle diminue

______

(1) J'ai séjourné plus de vingt-cinq ans à Brest & à Rochefort, tant en qualité de Commissaire & de Contrôleur de la Marine, qu'en qualité de Commissaire-Général, Ordonnateur. *Quem cursum dederat Fortuna peregi.*

juſqu'à zero, de ſorte que la matiére
magnétique ſemble avoir plus de force
quand on s'éloigne du Pole, que quand
on s'en approche.

Cependant toutes ces obſervations
ne m'avoient point perſuadé, quoique
je ſçuſſe bien qu'une aiguille aimantée
rougie au (1) feu perdoit toute ſa vertu. Je voulois voir les choſes par moi-
même : & comme il n'y avoit qu'un hazard heureux qui pût m'en procurer
l'occaſion , j'attendois qu'elle ſe pré-
ſentât.

Voilà ce que j'ai éprouvé le Dimanche 2 de Septembre 1742. Il y avoit
eu la veille un furieux orage , précédé
d'une chaleur étouffante. Le Thermometre de M. de Reaumur étoit à vingt-
cinq degrés au deſſus de la congélation.

(1) Les aiguilles aimantées en ſe rouillant,
perdent auſſi toute leur qualité magnétique.
L'aimant lui-même, quand on le laiſſe trop
long-tems en un lieu humide , ſe pénétre de la
rouille qui s'inſinue dans ſes parties les plus in-
times, & cette rouille lui enleve toutes ſes propriétés. Mais cela n'arrive qu'à la longue : au
lieu qu'il ne faut que quelques heures au feu,
pour produire le même effet.

Un autre Thermometre que j'avois fait venir d'Angleterre, étoit à quatre-vingt degrés. La liqueur de ce Thermometre étoit plus fenfible que la liqueur du premier : & je m'y fiois davantage.

Le même orage continua tout le Dimanche, avec des éclairs & des tonnerres qui venoient de la partie du Sud-Eft. J'entrai fur (1) les trois heures après midi dans mon cabinet. Deux grandes croifées qui regardent le Soleil levant, étoient ouvertes. Je le trouvai tout en feu, & je reftai quelque tems immobile. Les éclairs cependant redoubloient, au point d'éblouir la vûe la plus ferme.

Sur les fix heures du foir, l'orage étoit diffipé. Le ciel feulement me parut d'un rouge foncé, depuis l'Eft jufqu'au Sud : la chaleur diminua auffi de beaucoup, & la nuit fut tranquille.

Je ne doute pas que quelque tour-

_____

(1) Je renverrois ici volontiers les Curieux à la Defcription que j'ai donnée de mon Cabinet, fi cette Defcription n'étoit point un ouvrage de pur agrément, & peu propre à figurer avec des Traités de Phyfique & d'Hiftoire Naturelle.

billon de feu, pouffé (1) par le tonnerre, ne foit entré dans mon cabinet,
Une flamme légére fembloit voltiger
fur les livres, & fur tous les meubles.
Cependant je n'y ai trouvé aucun dom-
mage, ni aucune brûlure, ni aucun de
ces accidens qu'on attribue ordinairement au tonnerre. J'en excepte quatre bouffoles, qui étoient placées dans
quatre endroits différens de ce cabinet,
& qui me parurent tout-à-fait dérangées
le lendemain à fept heures du matin,

(1) Qu'eft-ce que le tonnerre, demande le
Chevalier Newton? Quelle en éft la caufe?
Il conjecture avec beaucoup de vraifemblance
que les exhalaifons fulphureufes qui s'élévent
de la terre, lorfqu'elle eft féche, montent
dans l'air, y fermentent avec les acides nitreux
& s'y enflamment. De là viennent les éclairs,
les tonnerres & les autres méthéores ignés. En
effet, l'air eft imprégné de vapeurs acides, très-
propres à la fermentation : ce qui fe voit fans
peine, en y expofant du fer & du cuivre qui s'y
rouillent en peu de tems. Cet air d'ailleurs fert
à allumer & à entretenir le feu, & il fait vivre
tous les animaux, en animant les refforts néceffaires à la refpiration... *Vide in Rohaulti
Phyf. adnotationes Samuëlis Clarke.*

que je m'avisai curieusement de les examiner.

L'aiguille d'une de ces Bouffoles,
affez femblable à celles qu'on embarque
fur les vaiffeaux, étoit devenue *folle*.
Elle tourna & s'agita pendant cinq jours,
fans ordre ni mefure. Elle s'arréta enfin, & fa déclinaifon fut de 14 degrès
50 minutes vers le Nord-Oueft.

L'aiguille d'une autre Bouffole, que
je dois à M. le Cordier, Profeffeur
d'Hydrographie à Dieppe, étoit fixée
au Sud-Sud-Eft, mais d'une maniére
fi forte, qu'en agitant cette Bouffole,
j'avois de la peine à faire mouvoir l'aiguille. Elle n'avoit point encore repris
fa direction au Nord le 13 de Septembre.

Outre ces deux Bouffoles, j'en avois
dans mon cabinet deux autres de la
façon du Sieur le Maire, Ingénieur
pour les inftrumens de Mathématique,
à Paris. Ces deux Bouffoles, quelle que
foit l'induftrie avec laquelle il les fabrique, font ici véritablement fans déclinaifon. Mais après l'orage du 2 de Septembre, elles font devenues fi indolen-
tes, qu'il faut des heures entiéres pour

fçavoir à quel point du compas les aiguilles s'arrêtent. Il n'y a point d'obfer-
vateur qui ne s'impatiente, & qui puiffe
fouffrir cette lenteur. L'efprit a des aî-
les, comme dit Platon : & il fe meut
fans relâche, jufqu'à ce qu'il ait atteint
le but auquel il fe propofe d'arriver.

Les Phyficiens peuvent ajouter fûre-
ment cet effet du tonnerre à ceux qui
étoient déja connus. Et combien d'autres effets connoîtra-t-on (1) dans la
fuite, qui cauferont peut-être une furprife plus grande? Le fonds de la Nature eft inépuifable. Plus on l'examine,
& plus on trouve de fujets de s'étonner : d'autres Philofophes diroient, de
ne point s'étonner.

(1) Les effets du tonnerre & ceux de l'élec-
tricité ont beaucoup de rapport entr'eux : &
pour bien expliquer les uns, il faudroit connoître les autres parfaitement. L'air électrifé,
fans doute par les rayons du Soleil, produit en
grand ce que nos petites électrifations produifent en détail, & fous nos mains & à nos
yeux.

De quelques rapports particuliers entre le tonnerre, & l'aiguille aimantée.

ON ne sçait point encore précisément quelle est la nature de l'air, & quelles sont ses principales propriétés. Est-ce un fluide particulier, ou seulement un composé de tous les petits corps qui s'élévent sans cesse de la terre, & qui se joignant les uns aux autres, forment ce qu'on appelle l'atmosphére ? L'air est-il pesant de lui-même, ou sa pesanteur ne vient-elle que de son élasticité ? Outre l'air grossier qui enveloppe la terre, & qui est sujet à diverses altérations & à des changemens continuels, il y a peut-être encore un fluide plus subtil & plus délié qui pénétre notre atmosphére, & s'étend jusqu'à la Lune. Ce fluide tient de la nature du feu, s'il n'est point lui-même le feu élémentaire. Quoiqu'il en soit, voici quelques observations qui m'ont (1) paru curieuses.

(1) Il tonne très-fréquemment dans toute

I.

En Egypte où il pleut très-rarement, où même les moindres pluyes caufent des peripneumonies & des rhumes fâcheux : en Egypte, dis-je, l'air eft fi fec, que la matiére magnétique y agit plus fortement qu'ailleurs. L'aiguille aimantée n'y a aucune inclinaifon, ni aucune déclinaifon : ce qui n'a point été obfervé par M. Halley dans fa Carte intitulée : *Nova & accuratiſſima totius terrarum orbis Tabula Nautica variationum Nauticarum index.*

l'Amérique Septentrionale : & non feulement le tonnerre y tombe avec un bruit épouvantable, mais il met encore le feu à des forêts toutes entiéres. M. Denys Gouverneur, Lieutenant-Général pour le Roi qui nous a donné une Defcription Géographique & Hiftorique de cette partie de l'Amérique ; M. Denys, dis-je, fait une remarque finguliére · c'eft que le tonnerre eft l'ennemi de tous les animaux à quatre pieds, des oifeaux & des poiffons. On n'en voit aucun dans tous les endroits où il tombe, & cela pendant quelques années. Les poiffons fur-tout fe cachent au bruit du tonnerre, & difparoiffent pour plufieurs jours, des côtes qu'ils fréquentoient.

II.

Dans le Perou il ne pleut jamais : l'air
y conferve une égalité conftante : on n'y
a befoin ni de Barometre ni de Thermometre. Mais les tonnerres font fréquens & furieux : ils anéantiffent ceux
qui n'y font point accoutumés , & pendant que ces tonnerres fe font entendre, pendant le bruit & le fracas qui les
accompagnent , les aiguilles aimantées
deviennent *folles* & ne s'arrêtent point.

III.

Sous l'équateur & dans tous les lieux
qui en font voifins , il pleut fix mois de
l'année , & les fix autres mois il y a *beau-*
ture avec une féchereffe générale. Pendant la faifon des pluyes , il ne tonne
point, & l'aiguille aimantée décline toujours vers l'Oueft. Lorfque le tems fe
met au fec & au beau , les tonnerres
font fréquens, & il s'éléve des tourbillons de vent & de pouffiére qui aveu-
glent les Voyageurs & les gens de
campagne , & que les Portuga·

ment *terrenos.* A l'égard de l'aiguille aimantée, sa déclinaison est toujours vers
l'Est.

IV.

Dans les Isles de la Sonde qui sont
Java, Sumatra & Borneo, l'air est d'une
pesanteur extraordinaire, & il manque
d'élasticité, ce qu'on attribue aux lacs,
aux étangs & aux mares d'eau, qui rem-
plissent ces trois Isles. Elles sont d'ailleurs peu fertiles : & les grains, les
fruits, les légumes qu'elles produisent,
sont mauvais & nuisibles à la santé. Dans
l'Isle de saint Thomé au contraire, laquelle est coupée dans le milieu par la
ligne équinoxiale, tout vient en abondance : & les productions qu'offre la
terre sans presque aucune culture , y
sont excellens. Cependant il n'y a point
d'autre eau dans cette Isle que de l'eau
de pluye : & quand il se passe trois jours
sans en tomber, ce qui est trés-rare,
tout le monde souffre & périt de soif.
Une chose remarquable, c'est que dans
les Isles de la Sonde où l'air est gras &
humide, ainsi que dans celle de saint
Thomé où l'air est sec & léger, les aiguil-

les aimantées se rouillent de la même
maniére en peu de tems.

V.

Les Açores sont des Isles très-con-
nues de tous les Européens, qui vont
trafiquer dans l'Amérique. Elles dépendent des Portugais, qui les décou-
vrirent vers le milieu du quinziéme
siécle. L'air y est si subtil & si acre,
qu'il mange le fer, & le réduit bientôt
en poussiére. Les vents y sont si péné-
trans, sur-tout les vents de Nord, qu'on
en est incommodé & surchargé jusques
dans les chambres les mieux closes.
Pour l'aiguille aimantée, elle perd de
son volume en peu de jours, & devient si foible & si mince, qu'elle ne
peut point se soutenir sur le pivôt qui
la doit porter. Au reste, toutes les terres sont d'un excellent produit dans les
Açores. Le gibier principalement y
abonde, ainsi que le bétail, dont on
trouve des quantités prodigieuses répandues dans ces Isles. Sur quoi je ferai
la remarque suivante. S'il y a des années
où les bestiaux paroissent attaqués de

D vj

maladies contagieuſes, cela ne vient que d'une ſeule raiſon : je veux dire que dans ces années tous les ſucs de la terre ſont viciés & corrompus par quelque cauſe qui nous eſt inconnue, comme par quelque feu ſouterrain qui a exalté des parties ſulphureuſes , arſénicales & vitrioliques dont les campagnes ont été inondées. Les beſtiaux ne pouvoient manquer d'en ſouffrir : & ſi quelque choſe eſt capable de procurer leur guériſon, c'eſt la nature elle-même en ſe corrigeant , & non des remédes vains qui n'ont aucun rapport au mal qu'elle a cauſé.

V I.

Les Navigateurs expérimentés reconnoiſſent à trois choſes qu'ils ſont près de la terre : premiérement, à la couleur de l'eau de la mer qui eſt plus blanchâtre le long des côtes qu'à un certain éloignement; en ſecond lieu, à la qualité de l'air qui eſt plus agréable & plus facile à reſpirer près de la terre , & charge moins la poitrine, qu'en pleine mer ; enfin, à l'aiguille aimantée qui ſemble treſſaillir & pren-

dre une nouvelle force, à mesure qu'on
s'approche des côtes. Elles-mêmes répandent quelquefois des odeurs fortes
& aromatiques, qui avertissent les Navigateurs à plus de deux & trois lieues
en mer, de prendre les précautions nécessaires pour atterrer sans risques &
sans périls. Les Hollandois en font tous
les jours l'épreuve, lorsqu'ils approchent des Isles où se recueillent la Ca-
nelle, les Noix Muscades & les Clouds
de Girofles : commerce qu'ils se sont
approprié depuis long-tems, & duquel
ils sont si jaloux.

ECLAIRCISSEMENT

Sur les Rames tournantes.

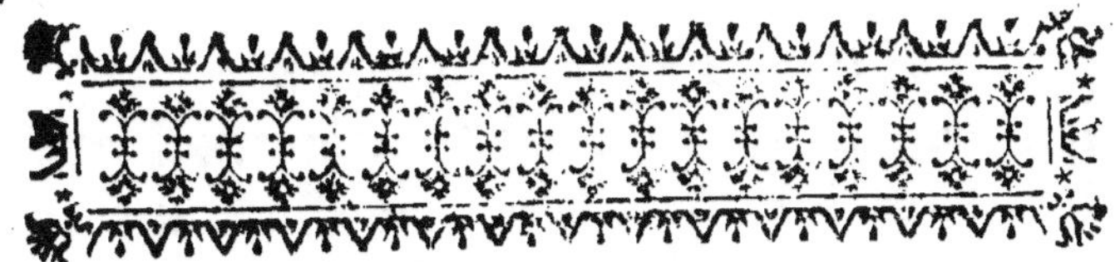

ECLAIRCISSEMENT

Sur les Rames tournantes.

TOUT le monde sçait qu'il est aussi
facile de descendre les fleuves & les
riviéres, même avec des bateaux chargés, qu'il est difficile de les remonter,
même avec des bateaux vuides. Dans
le premier cas, le courant seul peut suffire : dans le second, il faut une puissance plus grande, telle que le vent,
le tirage des hommes & des chevaux,
des rames, soit simples, soit compo-
sées. Ces secours ont leurs utilités différentes, suivant le tems & l'occasion.

Je ne parlerai point ici, ni du vent qui
ne sert à cause de ses variations conti-
nuelles que par intervalles, ni du tirage
des hommes & des chevaux qu'on ne
peut employer que dans les riviéres, qui
ont des quais ou des jettées solidement
établies. Je viens aux rames simples, dont

la méchanique eſt aſſez (1) connue. Pour les rames compoſées ou tournantes, quoiqu'on ait aſſûré en pluſieurs ouvrages que c'eſt une invention moderne, je puis dire cependant qu'elle eſt très-ancienne. Jean Scheffer, dans ſon Traité de *Militiâ Navali Veterum*, & Godeſcalch Steveechius dans ſon Commentaire ſur le quatriéme Livre de Vegece, en font mention. L'Inventeur, que tous les deux veulent faire connoître, eſt l'*Autor vetus de Rebus Bellicis*, qui ſe trouve imprimé à la fin de la Notice de l'Empire.

Cet ancien Inventeur propoſe un bâtiment, ſans rames ni mâts ni voiles, avec trois ou quatre roues tournantes de chaque côté, un ample gouvernail, & des bœufs ſur le premier pont qui par un travail aſſidu font tourner ces roues. De leur côté, elles frappent l'eau, & y trouvant un point d'appui, elles don-

(1) V. l'Eſſai ſur la Marine des Anciens, & particuliérement ſur leurs Vaiſſeaux de guerre, où il eſt parlé fort au long des rames & de leur maniment. Une eſpéce de Critique (*Vir trium litterarum*) a attaqué cet Eſſai d'une maniére aſſez ridicule.

ñent de l'activité au bâtiment, & le font
avancer.

Pour bien entendre tout ceci, il faut
voir la figure que Godefcalch Steveechius a fait graver, & que j'ai infé-
rée d'après lui à la fin de cet Eclairciffement. Il y auroit beaucoup de changemens à faire au bâtiment repréfenté
dans cette figure, fi l'on vouloit en venir à l'exécution. Mais il fuffit de fçavoir que la chofe n'eft point abfolument impraticable : comme on eft obligé de le dire de plufieurs Machines,
qui ne font faites que pour réuffir fur le
papier, & nullement pour fervir à aucun ufage.

Dans une Lettre écrite par M. l'Abbé
Deflandes, Grand-Archidiacre & Cha-
noine de Treguier, il eft parlé d'un
vaiffeau d'une fabrique fi merveilleufe,
qu'il auroit vogué partout fans rames
ni voiles ni cordages, & cela d'une vîteffe incroyable. Ce vaiffeau dont la
figure étoit celle d'une navette de Tif-
feran, fans proue ni pouppe, devoit
avoir cent-dix pieds de long, trente
de haut & vingt de large. Il devoit de

plus etre fermé par deſſus, & n'avoir
pour toute ouverture qu'une petite fenêtre de chaque côté : & l'uſage de cette
double fenêtre étoit, non ſeulement de
ſervir d'entrée, mais auſſi de donner du
jour à une eſpéce de chambre quarrée,
le ſeul eſpace du bâtiment où il pouvoit tenir du monde. Cette chambre
étoit particuliérement deſtinée à mettre
un rouage, auquel le Conſtructeur fai-
ſoit conſiſter tout ſon ſecret.

J'ignore quelle étoit d'ailleurs la fabrique de ce bâtiment annoncé dans
le Mercure Galant du mois de Septembre 1694. Mais comme on n'en a
point entendu parler depuis, il y a apparence que c'étoit une de ces imagina-
tions ſpecieuſes qu'on propoſe au Public pour l'amuſer, & qui n'ont aucune
réalité. *Etenim videmus*, dit Ciceron,
*omnes opiniones fictas atque vanas diu-
turnitate extabuiſſe.*

Après avoir mûrement examiné ce
qui regarde les rames tournantes, &
en avoir même conféré avec un habile
Ingénieur (1) de la Marine, j'ai cru

____
(1) Feu M. Ollivier. Il a lui-même deſſiné

pouvoir propofer un bâtiment où elles feroient heureufement appliquées. Ce bâtiment deftiné à naviger fur les riviéres, & non à prendre la mer, doit avoir des proportions qui lui foient particuliéres ; une grande légéreté, plus de longueur que de largeur, beaucoup de facilité à céder au moindre mouvement : & voici quelques-unes de ces proportions, que je vais décrire. La figure fuivante expliquera le refte.

Le bâtiment que je propofe, eft compofé de deux bateaux paralléles, féparés l'un de l'autre par une platteforme, fur laquelle font établis deux cabeftans qui font mouvoir les rames tournantes, & qui eux-mêmes font tantôt mus par des hommes & tantôt par des chevaux. Les premiers (fçavoir les hommes) fuffifent dans de cours trajets : les feconds (fçavoir les chevaux) font néceffaires pour remonter une riviére, comme la Loire depuis Nantes jufqu'à Orléans.

Les bateaux paralléles dont je viens de parler, féparés l'un de l'autre par une

la Figure ci-jointe, & en a calculé toutes les mefures & toutes les proportions.

platteforme de sept pieds de large, & chargés jusqu'à six pouces près du vi-bord, tireront quatre pieds neuf pouces d'eau & présenteront une surface de quatre-vingt-un pieds quarrés.

Les bateaux étant chargés, ainsi que nous venons de le dire, les palettes présenteront à l'eau une surface de cent soixante & deux pieds quarrés.

Il entrera dans la construction de ces deux bateaux, y compris les cabestans, les roues, la platteforme, &c. dix-neuf cens quarante quatre pieds cubes de bois façonné, qui les feront enfoncer dans l'eau un pied dix pouces. Ils pourront porter dix-sept tonneaux de marchandises, & il leur restera encore cinq pouces de hauteur au dessus de l'eau : ce qui rendra leur navigation aussi sûre qu'aisée.

Dans les riviéres où le courant est fort & vigoureux, l'action seule de l'eau suffira pour faire mouvoir les rames & faire voguer les deux bateaux. Les palettes attachées à ces rames doivent avoir quatre pieds dix pouces de longueur & trois pieds huit pouces de largeur, sur trois pieds & demi d'épaisfeur. Ces proportions ont été prifes avec foin.

Dans les riviéres où le courant fera moins fort , on fera agir par le moyen des cabeftans les roues tournantes afin qu'elles oppofent une affez grande réfiftance à ce courant. Il n'y a fur cela aucune régle à donner. Je m'en rapporte à l'habileté des Mariniers.

Dans les riviéres où le courant eft infenfible ou prefque infenfible , il faudra établir des points d'appui où les bateaux qui voudront remonter ces riviéres , feront porter des cables de la groffeur qui leur conviendra , lefquels feront attachés à leurs proues ou à leurs avants. Et ce fera ici le lieu de mettre deux ou quatre chevaux fur chaque cabeftan. Ils feront remonter les bateaux d'une vîteffe très-grande. Quand on fera parvenu à un des points d'appui , on portera le cable à un autre, & ainfi de fuite.

A l'égard de ces points d'appui, on peut les établir de différentes maniéres. Ce feront ou des pieux plantés au milieu de la riviére , & qui auront à leur tête un anneau de fer , ou des retenues

placées fur le parapet des ponts bâtis
en pierre, ou des bateaux mêmes fort
pefans & mouillés avec des grapins dans
des lieux convenables.

Mais comme tous ces points d'appui
pourroient quelquefois devenir d'une
exécution difficile & embarraffante, en
voici un que je propofe, & qui pourra
fervir dans toutes les riviéres. Soit un
grapin ou un ancre à quatre branches,
qu'on mouillera, quand les eaux feront baffes, à un endroit convenable.
Il y aura un cordage attaché à l'organ-
neau de ce grapin ou de cette ancre :
lequel cordage répondra à une longue
piéce de bois en forme de folive, qui
flotera continuellement fur l'eau. Cette
piéce de bois aura un anneau de fer à
chaque bout : & les deux bateaux dont
j'ai parlé ci-deffus enverront par un petit
canot qui fera à leur fuite, chacun un
cable, qu'on liera à ces anneaux d'une
maniére auffi promte que folide. Les
cabeftans agiront alors l'un & l'autre,
& feront avancer les bateaux paralléles.
Quand ils feront arrivés au point d'appui, on détachera les cables pour les
porter à un autre. A l'égard de la folive

ou

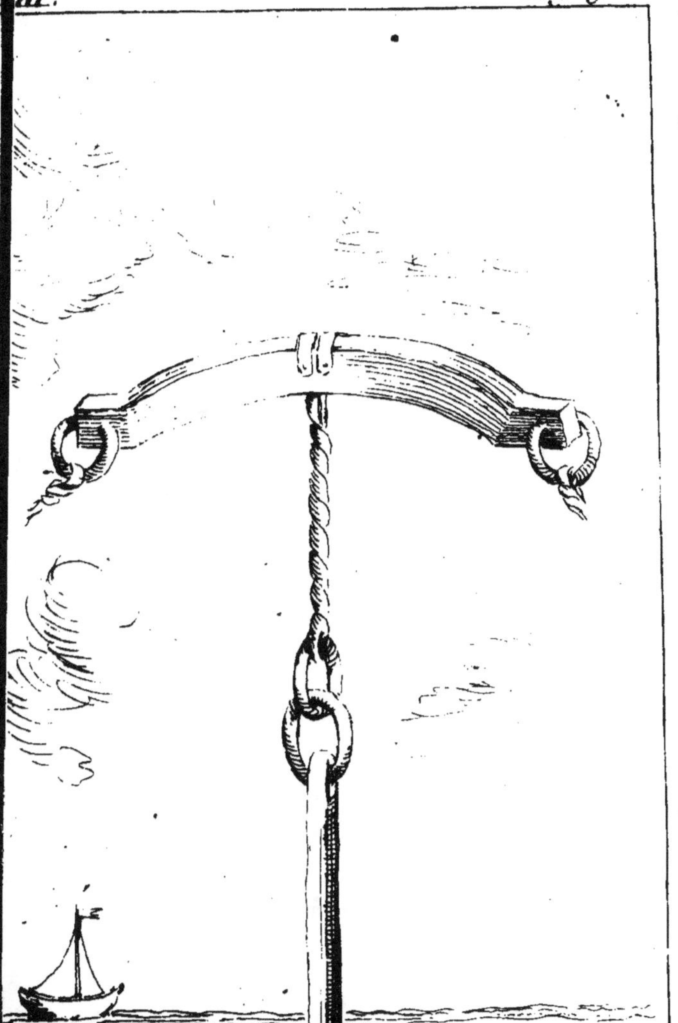

ou piéce de bois flotante, elle s'arrange-
ra d'elle-même, & suivra le fil de l'eau de
transversale qu'elle étoit aux côtés de
la riviére. Toute cette méchanique s'entend bien facilement avec la Figure, &
sur cela j'observerai deux choses importantes. La premiére, c'est que tout
Traité de Physique doit être écrit avec
élégance & clarté, afin que l'esprit ne
soit point gêné en le lisant. Or cette
clarté & cette élégance ne peuvent se
trouver dans ces Romans de Philosophie qu'on honore du titre de Systê-
mes, & où l'Inventeur entasse obscuré-
ment suppositions sur suppositions, sans
jamais expliquer le plan réel de la Nature. C'est ce qui arrive, suivant la remarque du Pere Mallebranche, à la
plupart des Physiciens, dont *les préju-*
gés occupent une partie de leur esprit, &
en infectent tout le reste. Leurs passions con-
fondent toutes les idées en mille maniéres,
& leur font presque toujours voir dans les
objets ce qu'ils desirent follement d'y trou-
ver.

La seconde chose qu'il est à propos
d'observer, c'est que des Figures correctement dessinées & gravées sont ab-

folument néceffaires dans un Traité de Phyfique , non pour l'orner, car ces fortes d'ornemens font frivoles , mais pour trancher des difcours fuperflus, & inftruire rapidement par les yeux. Car ce qu'on voit d'une maniére diftincte s'imprime mieux dans l'efprit , que ce qu'on entend par un long cirçuit de paroles.

Segnius irritant animos demiffa per aurem,
Quam quæ funt oculis fubjecta fidelibus.

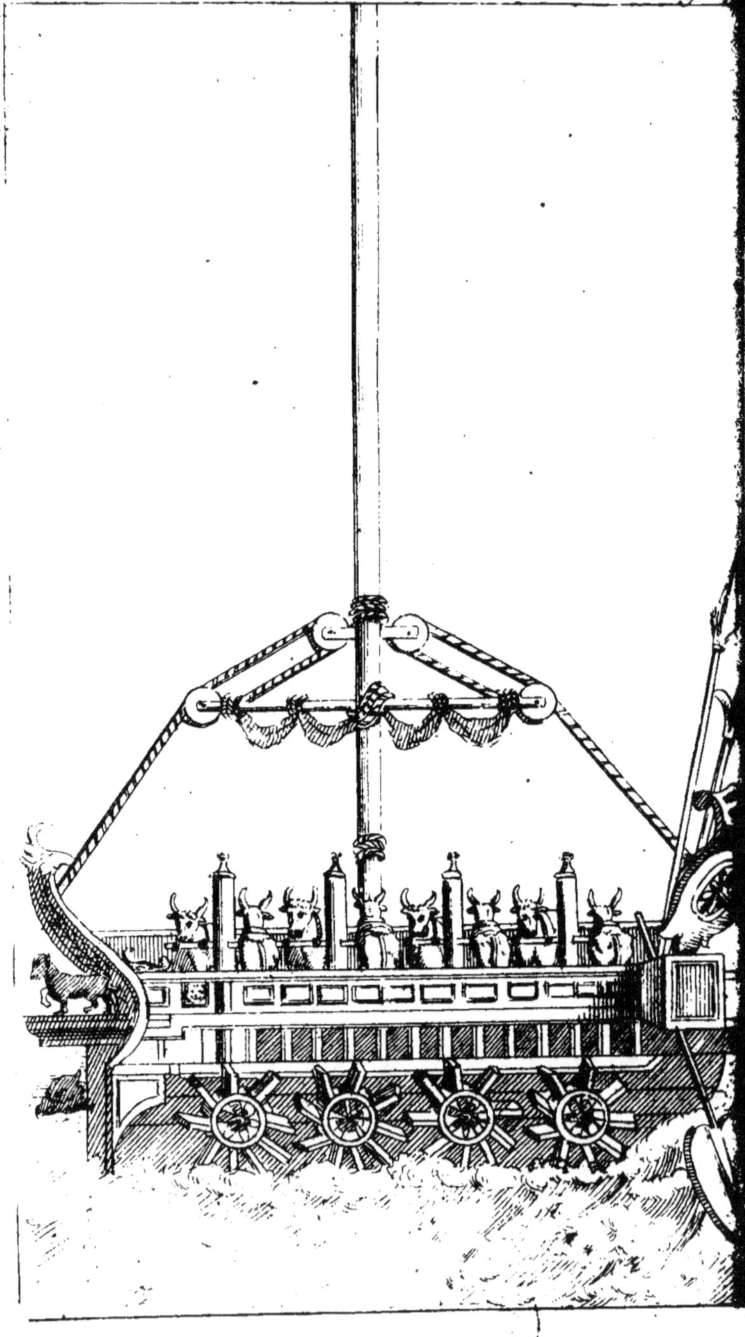

DESCRIPTION

De deux Eftampes Allégoriques, gravées fous les Régnes de Louis XIII & de Louis XIV.

COMME ces deux Eftampes font affez rares, & que plufieurs de ceux à qui j'en ai parlé, ne les connoiffent point, je crois faire plaifir aux Curieux de leur en donner une légére defcription. Elle fervira à montrer, quoique rapidement, combien fous deux Régnes auffi forts que ceux de Louis XIII & de Louis XIV, on a jugé la Marine utile & néceffaire au Royaume : d'où eft venu le mot Latin, *Florefcunt Lilia in undis.*

Ces deux Eftampes repréfentent deux bâtimens de mer, qui font moitié vaiffeaux & moitié galéres, apparemment pour faire connoître que la Marine doit s'étendre & à l'Océan & à la Méditerranée. Toute la pouppe, la dunette, le château d'arriére renferment ce qui est vaisseau : la proue, le château d'avant renferment ce qui est galére. L'entre-deux contient un canot qu'on tâche de mettre à la mer, pour pouvoir s'y embarquer & aller à terre. C'est la manœuvre qui se fait ordinairement, lorsqu'on approche d'un Port, & qu'on veut y entrer. Tous les Matelots & les Officiers Mariniers sont alors en mouvement : les uns pour serrer les voiles & jetter les ancres en mer, les autres pour préparer les canots & les chaloupes destinés aux usages qui leur conviennent. Le Port est le lieu où cherche à se rendre tout vaisseau qui navige, & qui le plus souvent a beaucoup souffert à la mer. Pour ce qui regarde un grand Royaume, ce que j'appelle le Port, c'est la Paix ; cette Paix si desirée après les horreurs, les ruines & les funestes événemens que la guerre entraîne inévitablement après elle.

Les deux bâtimens dont je viens de parler, sont ornés de sentences & de devises qui se rapportent au but qu'on a eu en y travaillant. Ce but n'est pas équivoque, ni difficile à découvrir. Chacun de ces bâtimens, par exemple, eſt environné de monſtres marins, qui cherchent à l'inſulter : & on voit écrit ſur la quille, *Inſidiantes ſulcat ut undas.* La France, en effet, ne peut éviter les embuches & les complots ſecrets des Nations, qui la regardent d'un œil jaloux, & ſur-tout des Nations maritimes qui ſont véritablement ſes ennemies, qu'en ayant une flotte à leur oppoſer ou du moins des eſcadres bien entretenues & toujours prêtes à prendre la mer. Mais quelles précautions, quelle œconomie ne faut-il point, pour faire réuſſir un pareil deſſein ? Le génie du grand Colbert l'avoit ſaiſi d'abord.

Dans chacun de ces bâtimens, la pouppe eſt partagée en trois parties. La premiére offre un trône où eſt aſſis le Roi entouré des principaux Seigneurs de ſa Cour, & de ſes Gardes. Il examine tout avec attention : il domine ſur tout comme étant le Pilote, & le Maître par excellence. La ſeconde partie eſt occupée par le premier (1) Miniſtre

____

(1) C'étoit le Cardinal de Richelieu ſous

affis dans un fauteuil , & ayant près de lui un Sécrétaire d'Etat debout , qui femble lui demander fes ordres pour les exécuter promtement. Plus loin paroît le Chancelier de France également affis , lequel mefure le compas à la main & *pointe* une Carte qui eft dépliée devant lui. Voici fa devife : *Seguerius Carram jufto fub fydere pandit.* La troifiéme partie comprend des Officiers de guerre , les uns debout & les autres appuyés fur des trophées d'armes. Au deffus d'eux eft un Maréchal de France , un bâton de Commandement à la main. On lui applique heureufement ce vers affez connu :

Sæpe fenat jufti per te ratio ultima Regis.

Il me femble que c'eft-là l'image d'un parfait gouvernement réduit à quatre points principaux : 1°. à l'autorité Royale pleine & entiére ; 2°. à l'intelligence d'un premier Miniftre , aidé de ceux qui doivent le fecourir dans fes fonctions laborieufes, & qui joignent la

Louis XIII , & le Cardinal Mazarin fous Louis XIV. Le Chancelier Seguier l'a été fous les deux Régnes.

maturité des conseils à la fermeté de l'é-
xécution ; 3°. à l'amour impartial de la
justice, qui ne peut être rendue & trop
vîte & trop exactement ; 4°. à la force
des armes qui doivent soumettre tout
ce qui se refuse à la justice, & frapper
par des victoires les esprits rebelles &
opiniâtres que la raison plus tranquille
ne peut réduire sous ses loix. Les armes
ne font que le supplément de la justice, & la guerre ne doit être que l'occasion de la faire éclater davantage.

Je reviens aux deux vaisseaux Allégoriques. Ils ont chacun (& il me
semble que c'est d'une maniére impo-
sante) un château d'avant où font ar-
rangés des Soldats armés avec un Capitaine à la tête. Leur attitude n'a
rien que de noble & de guerrier. Ce
Capitaine, en regardant sa troupe, semble dire : *Tot retulit lauros , justa quot
arma tulit.*

Vers la proue, & au bas du mât de
beauprè, est une espéce de Pilote attentif, & qui demande des ordres supérieurs pour augmenter ou dimi-
nuer la voilure. *Si jubeas , ventis pluri-*
E iiij

ma vela dabo. Mais comme le bâtiment arrive dans le Port où il eſt attendu par un peuple curieux & empreſſé, il ſuffit qu'il ait ſes deux huniers déferlés. C'eſt toute la voilure qui lui convient. Rien, ce me ſemble, ne fait mieux connoître que pendant la paix toutes les dépenſes ſuperflues doivent être retranchées, & qu'un Etat gagne beaucoup, quand il ſçait ſe tenir dans une honnête & ſage médiocrité. En effet, qu'eſt-ce qu'un Etat, ſinon une Famille étendue, ou un amas de Familles qui a autant beſoin d'œconomie que chaque Famille particuliére en a beſoin elle-même?

Il ſeroit à ſouhaiter qu'on voulût faire graver un pareil bâtiment Allégorique & Politique, pour repréſenter le Régne de Louis XV. Ce bâtiment ſeroit deſtiné ſur-tout à montrer l'état actuel de notre Marine & de notre Commerce, qui ont ſouffert tant de variations & tant d'affoibliſſemens. On y verroit de quelle maniére on a remonté la Marine, en perfectionnant la conſtruction des vaiſſeaux & en choi-

sissant des Officiers capables par leur
courage & par leur intelligence de faire
honneur à un Corps qui a besoin de
ces deux qualités réunies. On y verroit
encore quelle est aujourd'hui l'étendue du Commerce, quelles sont ses
ressources & ses branches principales,
d'où les autres doivent découler. On y
verroit enfin ce bel accord, cette union
ménagée avec art, cette symmétrie parfaite, qu'exigent toutes les parties d'un
navire à peu près comme les exigent
toutes les parties d'un Gouvernement
qui doit tendre à un seul & même but,
à rendre les hommes heureux.

E v

LETTRE
SUR LE LUXE,

Avec l'Examen du neuviéme
Chapitre de l'Essai Politique sur le Commerce.

E vi

LETTRE

SUR LE LUXE, AVEC l'Examen du neuviéme Chapitre de l'Essai Politique sur le Commerce.

L A conversation, Monsieur, que nous eumes à la campagne, il y a quelque tems, ne s'est point effacée de mon esprit. Je me ressouviens parfaitement, & des raisons spécieuses que vous me dîtes, & des exemples choisis dont vous appuyâtes vos raisons. Malgré tout cela, Monsieur, je n'ai point changé de sentiment, & je suis convaincu que le Luxe est une chose pernicieuse dans un Etat, & qui ne doit pas y être soufferte. N'allez pas croire cependant que je veuille ici jouer le personnage d'un Moraliste outré, ou d'un de ces hommes sévéres qui blâment tout ce qui leur déplaît. Un tel personnage me siéroit très-mal. Je ne parle assûrément que par amour du bien public, & par goût de la vérité.

A l'égard de ceux qui ont écrit en faveur du Luxe, attirés par je ne sçai quelle fausse apparence, je veux bien penser qu'ils ont suivi, ou cru suivre les mêmes principes. Mais vous verrez dans la suite qu'ils se sont effectivement trompés, & qu'ils n'avoient qu'une connoissance superficielle du commerce, & des affaires du monde. Il n'appartient point à toute sorte d'Auteurs de traiter de pareille matiére. Il faut s'être familiarisé avec les hommes, peut-être même avoir eu sur eux quelque inspection, quelque autorité. Sans cela on court risque de prendre le change sur ce qui regarde les devoirs moraux, la nature, les droits, le bien des sociétés.

Qu'est-ce donc que le Luxe, me demanderez-vous, Monsieur? Quelle idée en doit-on avoir précisément? Car il ne faut ni le blâmer par caprice, ni l'approuver par mollesse. Je vous répondrai que le Luxe est une superfluité agréable ou brillante, qu'on ajoute aux besoins indispensables de la vie : c'est un bien, un avantage dont on pourroit abſolument ſe paſſer, mais qu'on ſe procure tantôt par vanité, par intempérance de goût, tantôt par un fort attachement à la mode : c'eſt enfin un excès dont le prix, le mérite dépendent de l'imagination, & qui n'a rien en lui-même de réel, ni d'effectif.

Je vous répondrai plus généralement encore que le Luxe conſiſte à uſer des biens de la Providence, d'une maniére qui tourne ou au préjudice de celui qui en uſe, ſoit dans ſa perſonne, ſoit dans ſes biens, ou au préjudice du Public qu'on brave par une profuſion inſolente & déplacée, ou au préjudice des autres qu'on eſt humainement obligé d'aſſiſter & de ſecourir. Tout cela dans la ſuite s'expliquera mieux par des exemples.

Mais auparavant, Monſieur, il me paroît à propos de diſtinguer deux ſortes de Luxe : l'un de génie, ſi j'oſe ainſi parler, & l'autre de mœurs : l'un qui conſiſte dans la perfection de certains Arts utiles, & l'autre qui eſt fondé ſur des bagatelles, ſur des niaiſeries, & qui loin de rendre le goût meilleur,

ne peut servir qu'à le gâter & le corrompre, *en affoiblissant l'ame*, comme
dit l'Auteur des Essais de Morale, *en
l'attachant à des objets difficiles à conserver & dont elle peut être privée malgré soi,
en la rendant tendre & délicate, & sujette
à l'ennui & au chagrin.*

Le Luxe de génie marque dans la
nation qui y est attachée, un amour
général pour le beau & le parfait, un caractére de supériorité qui se répand de
proche en proche & se communique
jusqu'au peuple. Ce Luxe non-seulement doit être admis & approuvé, mais
encore excité par des distinctions, en-
couragé par des récompenses. Telle est
la situation des Arts qui demandent des
ouvriers intelligens & accoutumés à réfléchir, de l'Horlogerie par exemple,
& de l'Orfévrerie. C'est un Luxe certainement, d'avoir une montre à boëte
d'or, ciselée & travaillée avec soin. Mais
ce Luxe change de nom & se fait esti-
mer, quand avec cela on veut avoir
une montre excellente, une montre
de JULIEN LE ROI (1). D'ailleurs,

____

(1) Cet habile Artiste a des talens supérieurs
pour la Méchanique, & il ne cesse de les per-

ſi les étrangers qui abondent dans le Royaume, étoient bien perſuadés que l'Horlogerie y a atteint ſon véritable degré de perfection, ils chercheroient tous à ſe pourvoir de nos ouvrages, ils les mettroient au rang des meubles les plus précieux. Combien l'Angleterre n'a-t'elle point été enrichie par ſes Montres, & combien ne l'eſt elle point encore ? Il n'y a guéres de Prince en Europe, ni de Miniſtre d'Etat, ni d'homme curieux qui n'en ait une. Charles II. crut faire un grand préſent au feu Roi Louis XIV, en lui adreſſant deux montres à répétition, & ce furent les premiéres qu'on vit en France. S'étant dérangées, il fallut les renvoyer à Londres (1), aucun ouvrier n'ayant pu les rajuſter dans Paris.

L'Orfévrerie eſt un objet encore plus important. Tous ceux qui repréſentent & occupent de grandes places, ſoit en

fectionner par une attention ſuivie à tout ce qui regarde ſon Métier, où il eſt ſi difficile de réuſſir.

(1) V. cependant l'Eloge du Pere Sebaſtien dans les Mémoires de l'Académie Royale des Sciences : éloge un peu flatté.

Allemagne, foit dans les Païs du Nord,
foit en Efpagne & en Italie, les Ambaffadeurs , les Généraux d'armée,
veulent avoir de la vaiffelle d'argent
faite en France. Et ce n'eft point un
air de vanité qui les conduit ; c'eft leur
intérêt propre, c'eft l'envie de foutenir
un rang qui les diftingue. On doit par
conféquent encourager les Orfévres à
fe perfectionner dans leur Art, dans un
métier fufceptible d'intelligence. Ils
peuvent faire entrer des fommes confidérables dans le Royaume ; ils entre-
tiennent un travail qui augmente chaque jour ; ils font naître une forte d'é-
mulation. J'avoue que l'ufage d'avoir
de la vaiffelle d'argent platte, s'eft rendu un peu trop commun en France.
Je ne crois pas qu'il doive être permis
à toute efpéce de gens d'en faire parade. Cet ufage, il eft vrai, n'a rien que
de convenable à la Cour, que de bien-
féant : mais pour l'ordinaire c'eft un
Luxe à Paris & dans les Provinces. Il
y a certaines fuperfluités qui répandues
fans ménagement, confondent les rangs
& mettent de plein-pied ceux qui ne
devroient pas y être. Ainfi, Monfieur, je

doute qu'on ait eu raison de censurer le célébre la Bruyére pour avoir dit que chez nos Ancêtres, *l'étain brilloit sur les tables & les buffets, & que l'argent étoit renfermé dans les coffres.*

A propos de cet étain, vous sçavez qu'on commence parmi nous à s'en dégoûter. La fayance (1) peu à peu prend sa place, & il s'en fait dans plusieurs villes du Royaume : ce qui me paroît un avantage d'autant plus grand, que l'étain est une denrée étrangére. Mais autant que notre fayance est devenue commune, autant la trouve-t'on au-dessous de celle de Dresde & de Flandres, encore plus au-dessous de la porcelaine de la Chine & du Japon, elle-même fort différente de ce qu'elle étoit autrefois. C'est, à mon avis, cette porcelaine qu'on doit taxer de Luxe, quand on veut en avoir un service com-

(1) La Fayance tient comme le milieu entre la poterie commune, & le verre : & elle est d'autant plus parfaite, qu'elle ne participe ni de l'une (je veux dire de la poterie commune) ni de l'autre (je veux dire du verre). En cela consiste l'Art de bien travailler la Fayance, Art peu connu encore.

plet. Quelques piéces d'ornement, des
taffes & des foucoupes suffifent.

Je ne parle point des Arts plus nobles, comme la Peinture & la Sculp-
ture, dont la perfection fait tant d'honneur à un Etat. Si c'eft une fomptuofité d'avoir des morceaux diftingués de
RAPHAEL ou du CORREGE, du
RUBENS ou de MIGNARD, c'eft
du moins une fomptuofité qui n'appartient qu'à desPrinces, ou à des Seigneurs
éclairés, qui ne poffédent point de ftu-
pides richeffes. Peu de particuliers peuvent y prétendre, & il faut que l'aveu-
gle fortune les ait bien favorifés pour
les mettre en état de faire de ces fortes de dépenfes. Quel bonheur de voir
fon cabinet ou fa galerie ornés de quelques-uns de ces chef-d'œuvres immor-
tels, qui agiffent & remuent l'ame toute
entiére, qui infpirent ou des paffions
douces fondées fur la tendreffe du cœur,
ou des paffions fortes propres à entretenir le courage de l'efprit ! Luxe heureux (1), & trois fois heureux ! fi les

(1) Rien n'orne & ne pare mieux un appar-
tement, que des Tableaux faits de la main de

richeſſes toujours embarraſſantes pouvoient être ſouhaitées par un Philoſophe, par un homme déſintéreſſé, vous
ſeriez ſeul capable de les lui faire ſouhaiter !

Ce que je viens de dire marque aſſez
le peu de cas que je fais de ces préten-
dus ſpirituels, de ces Piétiſtes, de ces
attachés au Rigoriſme, leſquels regardent comme un abus tout uſage des
biens de la Providence, qui va au-delà
du ſimple néceſſaire. J'avoue avec plaiſir que ce ſont-là des idées creuſes, des
ſingularités, du Fanatiſme. Et que peut-
on avancer de plus injurieux au Chriſtianiſme, qu'un pareil ſyſtême ? Effectivement le Chriſtianiſme ne comman-
de & ne défend rien par rapport à la
Morale, que ce que la Religion naturelle avoit commandé & défendu auparavant.

Comme les Sciences ont acquis parmi nous une ſorte de perfection, & qu'il
y a un très-grand nombre d'ouvrages
judicieuſement écrits en notre langue

quelques grands Maîtres. Tous les Damas,
tous les Satins des Indes, toutes les Brocatelles
n'en approchent point.

& recherchés par les étrangers, ſoit pour la ſublimité des penſées, ſoit pour la pureté de la diction, ſoit pour les choſes rares & nouvelles qu'ils contiennent, on doit ſouhaiter que l'Imprimerie avec les Arts qui en dépendent, ſe perfectionnent de jour en jour. Des Livres correctement imprimés ſatisfont les gens de Lettres ordinaires, qui ne demandent qu'à s'inſtruire, qu'à ſe procurer des connoiſſances nouvelles. Les Curieux d'un certain rang entraînés par un Luxe de génie, veulent encore des Livres où brillent toute l'intelligence, où ſe fait remarquer toute l'induſtrie des ETIENNES, des ELZEVIRS, des ALDES-MANUCES. Aux belles éditions, ils ajoutent des reliûres propres & de goût, des reliûres qui y ſoient aſ-ſorties. Ils tâchent enfin de raſſembler tous ces Livres dans un lieu choiſi, qui ſoit bien éclairé, qui ſoit orné de tableaux, d'eſtampes, & de différentes ſingularités d'Hiſtoire naturelle. Quel Luxe, s'écrieront les ignorans ! Que de dépenſes, pour ſatisfaire aux beſoins multipliés de l'eſprit? Favorables dépen-ſes, dirai-je au contraire ! Plus l'eſprit ſe

Sent élevé au deſſus du corps, plus ſes beſoins ſont nobles, & plus on doit approuver les dépenſes qu'il exige, Après tout, ce ne ſont pas-là les dépenſes qui ruinent & décréditent les hommes. Qu'ils ſeroient heureux de n'en point faire d'autres !

Je viens préſentement au Luxe des mœurs, que je diſtingue en trois eſpéces : Luxe de table, Luxe d'habits, Luxe de meubles & autres ornemens ſuperflus. Cette matiére demanderoit un détail immenſe. Je ne ferai qu'effleurer les points les plus conſidérables, en me reſſouvenant toujours que le Luxe n'eſt que l'abus des biens que la Providence nous a accordés. Mais comment juger de cet abus, ſi ce n'eſt par les lumiéres naturelles qui marquent préciſément les bornes où chacun doit ſe reſſerrer dans la jouiſſance de ces biens ? Ils ſont utiles, ou deviennent nuiſibles, ſuivant qu'on franchit ces bornes.

Le Luxe de la table eſt pouſſé à l'excès. Il en eſt même devenu ridicule, tant par les aprêts qu'il exige, que par les frais qu'il occafionne. Ce ne font plus que des mets déguifés, que-des fauces de haut goût, que des extraits de jambon, des quinteffences, des fucs alambiqués, &c: tout cela encore orné de noms magnifiques, & qui annoncent je ne fçai quoi de bas, & de plus bas peut-être que l'affectation de ces deux Romains, dont l'un fervit aux convives qu'il avoit invités à une grande fête, un plat de langues de toute forte d'oifeaux rares, & l'autre un plat de perles diffoutes dans le vinaigre. Sans doute que vous n'exigerez pas de moi que je vous faffe un long détail des nouveaux ragoûts, que la mode a introduits : & fi vous l'exigiez, Monfieur, j'y ferois fort embarraffé.

Nec fomnum plebis laudo fatur altilium,
nec
Otia divitiis Arabum liberrima muto.

Mais je ferai deux remarques importantes. La premiére, que ce Luxe de table énerve & corrompt la Nation déja trop fenfible, trop amollie, trop portée au voluptueux. Tous ces fucs diftillés, toutes ces liqueurs brûlantes,

tous

tous ces feux retenus avec art, ruinent
la santé & rendent les hommes moins
forts, moins courageux, moins propres à un travail continu. D'ailleurs,
ceux qui paſſent pluſieurs heures de
ſuite à table, n'en ſortent que pour ſe
retrouver avec les mêmes convives,
ou avec d'autres d'un goût plus dépravé : *Scurra, Hiſtriones, Auriga, quibus illi
amicitiarum dehoneſtamentis mire gaudent.*
Qu'en arrive-t'il ? c'eſt que les conver-
ſations frivoles & les diſputes plus frivoles encore, que fait naître un long
repas, ne s'oublient pas aiſément ; elles
continuent tout le reſte du jour, ou de
la nuit. Le même eſprit ſe renouvelle,
& régne d'un bout de l'année à l'autre.

Qu'en arrive-t'il encore ? C'eſt que
le ſoin de tenir une table exquiſe &
curieuſe, ſoit en vins, ſoit en mets
recherchés, paſſe dans l'eſprit de bien
des gens pour une affaire importante,
& que le choix d'un Chef de Cuiſine
que les CONDE's & les TURENNES re-
gardoient comme un domeſtique ordinaire, eſt devenu aujourd'hui plus difficile & d'une plus grande diſcuſſion.

que le choix d'un Secrétaire pour le
Maître, ou d'un Gouverneur pour les
enfans de la maison. Mais outre que
tout ce détail a quelque chose d'abject
& de puéril, c'est encore le moyen le
plus propre pour n'avoir chez soi
qu'une compagnie mêlée, pire souvent
que la mauvaise compagnie. Un trait
de Ciceron fera voir ce que pensoit là-
dessus cet homme si judicieux. Se trouvant un matin chez Pompée, on ap-
porta au Général Romain un poisson
extraordinaire; une espéce de monstre
marin. Il pria aussitôt Ciceron de venir souper avec lui, & Ciceron le lui
promit. Pendant qu'ils continuoient à
s'entretenir, plusieurs autres Romains
entrérent chez Pompée, & il les invita
pareillement tous à souper. Ciceron qui
s'apperçut que le nombre des convives
grossissoit à chaque moment, répétoit
tout bas à Pompée avec un souris malin :
Piscis hic non est omnium. La bonne compagnie n'est pas si nombreuse. Il y faut
plus de choix.

Que les délicatesses & les rafinemens
de la bonne chére énervent & affoiblis-
sent les esprits ; cela n'est que trop cer-

tain, & par malheur que trop commun. Les plaifirs ne doivent être pris
qu'en paffant, & pour tout dire ici,
qu'en les effleurant. S'y arrête-t'on
avec trop de complaifance, l'ame fe
trouve toute anéantie. Il femble qu'on
ne l'ait reçue que pour la perdre. Un
homme livré aux excès de table, qui
s'en fait une occupation férieufe, n'eft
prefque plus capable d'aucune force ni
d'aucun trait de grandeur d'ame. Il ram-
pe toujours terre à terre. Quelqu'un
ayant ofé dire à HENRY IV, que malgré la décadence de la Ligue, le Duc
de Mayenne étoit toujours redoutable,
ce Prince répondit d'un air moqueur :
*Comment ! vous voulez que je craigne un
homme qui eft plus long-tems à table, que
je ne fuis au lit ?*

Ma feconde remarque tombe fur la
coutume prefque générale où l'on eft
d'avoir dans toutes les maifons des Cuifiniers & des Aides de cuifine. Cette
coutume fuivie fans ménagement, &
autorifée par tous les nouveaux Parve-
nus, caufe un très-grand mal parmi le
menu peuple. Car comme la France
fournit tout le refte de l'Europe de

Cuifiniers & de Valets-de-Chambre ;
emplois & métiers qui font la fortune
des petites gens, on ne fçauroit croire
combien cela les détourne des travaux
plus effentiels & plus utiles à la fociété.
Autrefois il n'y avoit que des Cuifi-
niéres , même chez les perfonnes du
rang le plus diftingué. Cette occupation fédentaire convenoit à des femmes
& à des filles, qui par leur propreté,
par un goût fimple , mais jufte , entre-
tenoient un ménage avec décence. Nos
ayeux (1) n'avoient point d'autres do-
meftiques dans leurs cuifines , ni même
à l'office. Ils ne connoiffoient point cet
art meurtrier , dont on fait à l'envi l'un
de l'autre tant de cas. Tout ce qu'ils
mangeoient étoit fain : tout ce qu'ils di-
foient étoit vrai. Aujourd'hui qu'on ne
veut que des chofes préparées à grands
frais,qu'on ne demande que des mets déguifés avec une forte d'induftrie, qu'on

(1) Une des principales caufes du défordre
qui régne aujourd'hui parmi les femmes & les
filles du commun, foit à Paris, foit dans les
Provinces , c'eft qu'elles manquent d'occupation. L'oifiveté eft caufe de la mifére , & la
mifére du dérangement & de la débauche.

veut du singulier par tout, le nombre
de ceux qui travaillent aux apprêts de
la bonne chére, est monté jusqu'à l'infini. C'est une espéce de République
gourmande, & qui se soutient autant
par la liberté impunie des mœurs, que
par l'opulence mal acquise de tant de
gens pressés de s'enrichir aux dépens
des autres.

Mais le châtiment suit de près la
volupté abandonnée à elle-même. On
vieillit avant l'âge marqué par la nature. On se hâte de vivre, comme si la
vie étoit devenue un fardeau incom-
mode. A peine la jeunesse est-elle
exemte des incommodités & des maladies, qui avertissent que la mort s'approche, & qui en font par avance sen-
tir toute l'amertume & toutes les horreurs.

Le Luxe de la table est donc un des
plus grands inconvéniens du Royaume,
celui qui prépare le plus vîte une nation
à sa perte. L'Empereur Charlemagne le
pensoit ainsi, lui, qui avoit défendu par
une Ordonnance particuliére aux gens
de guerre de boire dans le camp à la
santé les uns des autres. Cette invita-

tion Bachique lui paroiſſoit dangereuſe, *d'autant*, dit Etienne Paſquier, *que
quand un homme a bu à un autre, il tire
cela en obligation, voire le tourne à mépris
& injure, ſi l'aſſailli ne lui rend la pareille.*

On dit que le Luxe de la table eſt
une marque certaine de la proſpérité
d'une Nation, à qui tout rit & que tout
favoriſe. Mais je crois que cela mérite
quelque réflexion. Toutes les choſes
de la vie ſont diſpoſées de maniére
qu'elles croiſſent juſqu'à un certain
point, & qu'enſuite elles commencent
à décroître : de maniére que la ligne qui
ſépare le dernier accroiſſement & le
premier décroiſſement eſt impercepti-
ble. Ainſi, ce qu'on appelle la proſpérité d'un Etat pourroit bien être le tems
de ſa décadence, ou du moins le tems
où naiſſent les troubles & les déſordres
qui doivent l'affoiblir. On en voit un
exemple célébre dans l'Hiſtoire Ro-
maine. Jamais la République n'avoit
été plus agitée que pendant la Dictature de Sylla, jamais l'autorité n'avoit
été plus deſpotique ni le pouvoir plus
arbitraire. Cependant le Luxe, loin

de se rallentir, se soutenoit comme u
milieu de la paix & de l'abondance.
Sylla porta une Loi somptuaire. Mais ce
qu'il y avoit de surprenant, c'est que
la loi ne retranchoit point la magnificence des repas, & ne mettoit point un
frein à l'avide & folle intempérance,
elle se contentoit seulement de diminuer le prix des denrées qui servent à
la bonne chére. Et parmi ces denrées,
qu'il s'en trouve de délicates, d'une recherche curieuse, & qu'à peine on connoît aujourd'hui ! Que de poissons rares ! Que d'oiseaux plus rares encore !
Quelle espéce de Loi somptuaire étoit-
ce donc que la Loi portée par Sylla ? Il
ne sauvoit point les mœurs, il les cor-
rompoit au contraire davantage, il
rendoit plus communes toutes les amor-
ces du goût, & mettoit chacun en état
de se procurer des plaisirs à peu de
frais. En vérité, c'est pousser le Luxe à
bout que d'avoir gratuitement ou presque gratuitement tout ce que le Luxe
offre de plus exquis. Quel siécle a réel-
lement été plus malheureux, quoique
fertile en toutes sortes d'excès, que celui de Sylla ?

F iiij

Les mœurs une fois dépravées dans un Etat, ne se rétabliffent plus, ou ne se rétabliffent que très-rarement. On juge bien que le Luxe de la table ne fit qu'augmenter depuis la dictature de Sylla; & que la facilité applaudie de fe livrer aux voluptés de toute efpéce, les rendit comme néceffaires à une ville où abondoient des hommes de tant de caractéres différens, où la vertu n'étoit plus en honneur ni en crédit, où l'on fe trompoit mutuellement & fans garder aucune bienféance, où la fureur d'accumuler des richeffes les unes fur les autres & de les acquérir par les voies les plus criantes, étoit pouffée à l'extrême. *Ibi funt*, pouvoit-on dire avec Petrone, *& cadavera quæ lacerantur & corvi qui lacerant*. Au milieu de tous ces défordres, quelques Magiftrats fenfibles au devoir de leurs charges, publiérent des Loix fomptuaires. C'étoient comme les derniers foupirs de la vertu expirante parmi les Romains. Un de ces Magiftrats en publiant la fienne, fe condamna à n'aller jamais manger en ville, de peur, difoit-il, de voir impunément violer la loi qu'il avoit portée ? *ne testis fieret contemptæ legis quam ipse bono publico pertulisset.* Mais ce qui parut ridicule aux yeux mêmes des Romains, tout corrompus qu'ils étoient, ce fut l'audace du Triumvir Marc-Antoine qui fit des réglemens sévéres contre le Luxe de la table, lui qui portoit ce Luxe au-delà de toutes les bornes, voluptueux par goût & par ostentation ; lui qui employoit des sommes considérables pour se faire admirer des convives qu'il rassembloit chez lui, & pour leur offrir tout ce que la terre, les mers les plus éloignées, & même l'air renfermoient de plus rare & de plus exquis : *quidquid mari, aut terrâ, aut etiam cœlo gigneretur, ad satiandam ingluviem suam natum existimans.*

L'Auteur du Livre intitulé, *Préfages* (1) *de la décadence des Empires*, met le Luxe de la table au nombre de ces Préfages, & il ajoute que pour bien

____

(1) Ce Livre imprimé il y a près de soixante-& dix ans, est devenu très-rare. C'est une des meilleures productions du fameux Ministre Jurieu. On y trouve aussi quelques-unes de ses idées fanatiques. V. les Nouvelles de la République des Lettres par Bayle.

F v

connoître le génie qui régne à la Cour d'un Prince, quelque puiſſant ou quelque foible qu'il ſoit, deux choſes méritent d'être examinées : les opinions qu'il favoriſe, & l'eſpéce de Luxe qui lui revient davantage, & qu'il inſpire à ſes Menins, à ceux qu'il honore de ſon amitié. Combien donc eſt-il à ſouhaiter que les Loix ſomptuaires, anciennes & nouvelles, ſe rétabliſſent en France, & que les ſages Magiſtrats à qui il appartient de faire obſerver ces loix, y veillent avec la derniére exactitude ? C'eſt alors qu'on dira véritablement : *Leges bona ex malis moribus procreantur.*

Le Luxe des habits eſt auſſi exceſſif parmi nous que celui de la table, & je ne m'en étonne point. La France eſt aujourd'hui le Pays du faſte & de la décoration. Les mœurs ſimples & conformes à la nature, en ſont bannies. L'air de décence & de modeſtie y eſt mépriſé, & on veut à ſa place je ne ſçai quoi d'inſolent & d'audacieux, une contenance de petit Maître. Chacun aſpire à un rang plus élevé qu'il ne doit, chacun s'applique à paroître plus qu'il n'eſt, & à faire plus de dépenſes, à mener un plus grand train qu'il ne peut. On trompe : on eſt trompé. Ce n'eſt point l'homme qu'on cherche en France, ce n'eſt point à lui qu'on s'attache ; c'eſt une eſpéce de fantôme orné d'une certaine maniére & plié ſuivant la mode & ce qui ſe nomme le bel uſage ; c'eſt un maſque, un acteur de théatre qu'on demande & ſur lequel on jette les yeux.

L'homme d'eſprit, l'homme de mérite échappe preſque toujours, tandis que celui qui ne s'occupe que de ſon extérieur, eſt remarqué : & s'il s'apperçoit qu'on ne le remarque pas aſſez promptement, il en avertit.

Sur ce tableau, on juge ſans peine que le François eſt curieux de ſa parure & de la maniére de ſe mettre. Ce qui le flate davantage, c'eſt un maintien impoſant, c'eſt une envie conſtante de briller : & pour cela, rien ne lui coûte, rien ne l'arrête, il ſe porte à toute ſorte de dépenſe. De-là tant de changemens d'habits, tant de parures bizarres & ſouvent ridicules : de-là ce flux & reflux continuel de modes, ces bagatelles étudiées , ces niaiseries tournées en choses importantes. *Quelle folie , dit Mezerai, quelle vraie folie ! Quelle plus grande marque d'ignorance & de légereté !* Il parloit ainsi à l'occasion des Gentils-hommes François, qui ayant toujours été fort sobres & modestes en habits , s'avisérent sous le Roi Jean , de s'orner de pierreries comme des femmes, & de porter sur leurs bonnets des aigrettes & des bouquets de plume.

J'ai remarqué que plus les régnes ont été forts & sérieux en France, plus on y a été occupé de grandes choses , & moins le Luxe des habits a eu la vogue. Tout au contraire , plus les régnes ont été foibles & amortis, plus le Luxe a triomphé , & avec ce Luxe qui d'abord inonde tout , plus il y a eu de corruption dans les mœurs & de déréglement dans les esprits. Le régne de Henry III. en est une preuve éclatante. Tandis que les Courtisans s'amusoient à des jeux bas & puérils, qu'on se partageoit entre les débauches outrées & les dévotions extérieures & de parade , entre les voluptés prolongées bien avant dans la nuit & des mascarades

Eccléfiaftiques pendant le jour, le Luxe des habits n'eut aucunes bornes. *Aux noces de Joyeuse*, dit Mezerai, *tous les Conviés changérent d'habits fi riches & fi précieux, que les draps d'or & d'argent n'y avoient point de luftre. Il y en avoit qui coûtoient dix mille écus de façon. Enfin la dépenfe y fut fi prodigieufe que le Roi pour fa part feulement n'en fut pas quitte à moins de quatre millions.*

Cependant fous un régne fi dépravé, dans un tems *où la corruption étoit telle que les farceurs, bouffons, femmes de mauvaife vie & mignons avoient tout le crédit auprès du Roi*, on fe moquoit de ces grandes profufions en habits. Mais celui qui le fit avec le plus d'efprit, étoit Buffi d'Amboife. Dans une Fête que donna le Roi *défefpérément brave, frifé & gauderonné, & où fes jeunes mignons étoient autant ou plus braves que lui*, Buffi d'Amboife parut habillé tout fimplement & modeftement, *mais fuivi de fix Pages vêtus de drap d'or frifé, difant tout haut que la faifon étoit venue que les belîtres feroient les plus braves.*

Mais comme ce n'eft point ici l'Hiftoire du Luxe des habits que je préten écrire, je vais au plutôt me rapprocher du tems préfent : tems heureux ! difent les uns, où l'efprit a acquis toute fa perfection, où l'on voit plus diftincte-ment, l'on penfe plus finement, l'on raifonne plus conféquemment qu'on n'avoit fait jufqu'ici, où les agrémens répandus rendent la vie fi douce & la fociété fi aimable que rien n'en approche : tems malheureux ! difent les au-tres, où non-feulement les vertus, mais encore les bienféances font dédaignées, où les mœurs ne font plus que ce que les bizarreries des grands Seigneurs en ordonnent, où l'on fe croit plus habile parce qu'on décide plus hardiment, où les bagatelles, le goût des riens, une contenance, une fuite de manié-res étudiées, font l'homme de mérite, ou du moins l'homme à la mode.

Quoi qu'il en foit, Monfieur, le Luxe des habits eft un vrai défordre dans un Etat, dès que ce Luxe va à confondre tous les rangs, & à mettre de niveau ceux que la naiſſance ou les emplois doivent néceſſairement diftin-guer. Les velours par exemple, les dro-guets & les cannelés de foie, font de

venus si communs ces derniéres années,
qu'on en a presque honte. La plupart de
ceux qu'enyvre l'opulence, las de porter un habit, le donnent au bout de
quinze jours ou trois semaines à certains domestiques privilégiés, lesquels
se faufilant dans la meilleure Bourgeoi-
sie, lui inspirent le goût des étoffes recherchées. C'est-là une des causes du
Luxe. Mais en travaillant à le réfor-
mer, je n'ai point la ridicule manie
de ces Législateurs qui voudroient déterminer une couleur & une façon d'habits pour chaque état & chaque condition. Tout au contraire la variété des
ajustemens bigarrés à l'infini, fait un
des plus beaux spectacles des grandes
Villes. L'uniformité ennuyeroit & dé-
plairoit à chaque pas.

Une autre cause du Luxe plus grande encore, c'est la fureur qu'ont tous
les jeunes gens de vouloir paroître. Et
comme la plupart n'ont pas les moyens
de le faire aussi superbement qu'ils le
souhaitent, ils contractent des dettes
dont ils se ressentent tout le reste de
leur vie.

Il y a plus. Accoutumés qu'ils sont

à un extérieur brillant , ils conservent le même goût & s'embarraſſent peu de cultiver leur eſprit ordinairement vuide de penſées , & d'orner leur ame qui paroît ſe refuſer à tous leurs beſoins. Auſſi voit-on dans l'âge avancé des hommes qui, au lieu de ſonger à une vertu mâle & généreuſe , au lieu de s'élever à de nobles ſentimens , ſont plus minces que des femmes & paſſent une partie de leur vieilleſſe avec des Tailleurs, des Brodeurs & d'autres de cette trempe. Ils ſe flatent de réparer à force de parures les rides de leur viſage ſuranné & preſque moiſi , & ils n'en ſont que plus ridicules.

On dira peut-être que le Luxe des habits entretient les Manufactures & hâte la conſommation, ſoit des étoffes de laine & de ſoie , ſoit des draps d'or & d'argent , qu'on demande de toutes parts. Plus de gens ſe livrent au Luxe & s'y livrent ſans aucun ménagement, plus l'induſtrie eſt aiguiſée & plus l'amour du gain augmente. A cela je répondrai deux choſes. La première , que toutes nos Manufactures , par le génie même de la Nation qui n'eſt que trop

connu, ont une deftinée malheureuſe.
D'abord, elles ſe piquent d'arriver à
une certaine perfection & de profiter
de l'empreſſement déclaré qu'a le public pour toute nouveauté. Cette perfection acquiſe, les Manufactures accréditées dégénérent, & cela d'autant plus
vîte que la conſommation eſt plus grande. Car en France, dès qu'une marchandiſe réuſſit, tout le monde y court.
C'eſt un feu dévorant. Mais bientôt le
relâchement, la malefaçon, la fraude
s'y mêlent. A leur ſuite, marche une
décadence générale.

Ainſi, les Manufactures du Langue-
doc ſe ſont perdues, & le commerce
du Levant nous a été pour la plus grande partie enlevé par les Anglois. Ces
Manufactures fourniſſoient des draps
de toutes couleurs dans les Echelles du
Levant, & le débit en étoit ſi promt,
le gain ſi aſſuré, qu'on ſe mit à travailler avec moins de ſoin. On ne doutoit
point que les Turcs & les Arabes accoutumés aux étoffes de France, ne
continuaſſent à s'en ſervir, & on les
crut aſſez dépourvus de ſens pour ne
pas s'appercevoir de la qualité infé-

rieure des draps qu'on leur portoit.
Au relâchement fuccéda la malefaçon, & à la malefaçon la fraude (1)
& l'impofture, de forte que les Anglois
plus fins & plus adroits que nous, fe
font attirés ce commerce qu'ils fou-
tiennent avec beaucoup d'exactitude &
de bonne foi. En général les François
font accufés d'artifice dans tout le commerce qu'ils font avec les Pays étrangers. Auffi les craint-on juftement par
tout : on ne peut fe fier ni à leurs montres ni à leurs factures. Les Efpagnols
fi fouvent trompés auroient bien lieu
de parler, eux, qui aiment encore
mieux traiter avec les Anglois, quoique leurs ennemis déclarés, que d'a-
voir affaire aux François, malgré l'u-
nion politique des deux Couronnes.

L'autre inconvénient qui naît du Luxe des habits, c'eft que les bonnes
Manufactures du Royaume, les Manufactures utiles, s'abatardiffent & fe
perdent enfin pour d'autres Manufac-

(1) Il faut avouer que tout cela eft aujour-
d'hui bien corrigé par les foins & la vigilance
des Intendans, & par les Arrêts du Confeil
donnés à propos. Il ne s'agit plus que de tenir
la main à leur exécution.

tures moins utiles, & qui méritent moins d'être conservées. C'est ainsi que les draps diminuent tous les jours de qualité, à mesure que les velours & les droguets de soie ont pris faveur, non-seulement ceux fabriqués dans le Royaume, mais encore ceux qu'on y introduit par fraude, comme les velours de Génes. C'est ainsi que les étoffes de soie, les Gros de Tours, ont été peu à peu négligés par le débit augmenté des damas & des satins de Lyon qui étoient devenus à la mode, & qu'on recherchoit de préférence.

On s'apperçoit au premier coup d'œil que si les hommes exaggérent le Luxe des habits, les femmes l'exaggérent encore davantage. *Virorum hoc animos vulnerare posset : quid muliercularum, quos etiam parva movent ?* Esclaves de toutes les modes, elles les suivent ou les parcourent toutes. *La façon de se vêtir présente,* comme parle Montagne. (1) *leur fait incontinent condamner l'an-*

____

(1) M. Camus, Evêque du Belley, appelloit les Essais de Montagne, le *Breviaire des Gentilshommes.* Ce jugement est bien différent de ceux du Pere Mallebranche, & de M. Nicole.

cienne, d'une résolution si grande & d'une consentement si universel, que vous diriez que c'est quelque espéce de manie qui leur tourmente ainsi l'entendement. Parce que les changemens sont si subits en cela, que l'invention de toutes les tailleuses du monde ne sçauroit fournir assez de nouveautés, il est force que les modes méprisées reviennent en crédit, que celles-là même tombent en mépris tantôt après, & qu'un même jugement prenne en l'espace de 15 ou 20 ans non diverses formes & opinions seulement, mais contraires, d'une inconstance, & d'une légereté incroyable.

Voilà une foible esquisse des bizarreries & des disparates de la Mode, de cette Reine impérieuse qui gouverne tout en France, habillemens, meubles, ouvrages d'esprit, mœurs, sentimens, philosophie même. Mais si son pouvoir est par tout bien grand, il l'est encore plus en ce qui regarde le Luxe. Combien, pour satisfaire à notre inconstance naturelle, ne faut-il pas de formes différentes d'habits, de meubles différens ? Combien d'étoffes de soie, de tissus, d'agrémens, de dentelles d'or & d'argent, qui naissent, renaissent &

meurent tour à tour ? il femble que chaque luftre un nouveau peuple, un peuple étranger, vient s'établir en France,
& qu'il ne reffemble ni de mœurs ni
d'habits, à peine même de vifage, au
peuple qui l'a devancé, au peuple qu'il
remplace.

A l'égard du Luxe que les femmes
fçavent toujours rafiner & qu'elles portent peu à peu à l'extrême, j'ofe affurer
d'après Mezerai *qu'il commença fous le*
règne de François I. qu'il fe rendit pref-
que univerfel fous celui de Henry II. &
fe déborda enfin jufqu'au dernier point
fous Charles IX. & fous Henry III.
On fçait quels progrès il a fait depuis.
Mais pour ne parler ici que de François I. on remarque que ce Prince qui
avoit beaucoup de goût pour toutes les chofes d'éclat & qui aimoit fort
à faire montre de fa puiffance & de fa
grandeur, attira les Dames à fa Cour,
perfuadé, comme dit Mezerai, *que tout*
ce beau monde rehaufferoit l'éclat de fes
pompes, joint qu'il étoit d'inclination amou-
reufe. Du commencement cela eut de fort
bons effets, cet aimable fexe y ayant amené
la politeffe & la courtoifie, & y donnant

*de vives pointes de générosité aux ames
bien faites ?* Mais les mœurs s'étant depuis corrompues, *ce qui étoit une belle
source d'honneur & de vertu*, devint l'a-
morce de tous les vices & le prix de
toutes les lâchetés.

La troisiéme branche du Luxe est
d'un détail infini. Elle comprend les
équipages, les livrées, les ameublemens
qui changent chaque jour; enfin, *toutes ces magnificences*, comme dit Mezerai, *que le Luxe invente & que Paris, le
théâtre des merveilles, admire avec res-
pect, & convient toujours n'avoir jamais
rien vu de semblable.* Elle comprend encore tous ces petits meubles, tous ces
bijoux d'or & d'argent, gravés, ciselés,
damasquinés, artistement travaillés,
dont en général les François sont si
curieux, & parmi les François encore,
ce qu'on appelle le beau monde. Et
n'allez pas croire qu'il n'y ait de ce beau
monde qu'à la Cour & à Paris. Toutes
les villes de Province en ont à leur maniére, les unes plus, les autres moins :
la Robe, le Clergé lui-même ont leur
beau monde.

Un Ancien diſoit que nos vertus &
nos vices deſcendoient de nos ames à
nos corps, des corps aux vétemens, des
vétemens aux maiſons, & des maiſons au
public. J'ajouterai ici que ces vertus &
ces vices naiſſent d'ordinaire dans la
Capitale, & ſe répandent de-là dans
les Provinces.

Il eſt certain qu'avant le régne de
François I. on ne voyoit point à la
Cour ni à Paris, tout ce ramas de gens
à manteau noir, qui n'y ont d'autre
occupation que le plaiſir & l'amuſe-
ment. *Si ce fut un grand Roi*, dit Bran-
tôme, *on ne peut s'empêcher de le blâmer
de deux choſes qui ont apporté pluſieurs
maux à la Cour & en France, non ſeulement pour ſon régne, mais pour celui des
autres Rois ſes ſucceſſeurs: l'un pour avoir
introduit en la Cour les grandes aſſemblées,
abord & réſidence ordinaire des Dames,
& l'autre pour y avoir appellé, inſtallé, &
arrêté ſi grande affluence de gens d'Egliſe.*

Or tout ce qu'on appelle le beau
monde eſt friand de bijoux, qui de Paris ſe répandent dans tout le Royaume: bijoux dont la mode change deux
ou trois fois l'année: chacun avec ar-

deur tâche d'en avoir : chacun se félicite d'en être nanti. C'est un empressement, un air de galanterie, de se les montrer les uns aux autres. Une tabatiére, une canne d'un goût nouveau paroît-elle : tout le monde en demande. On rougit presque de n'être pas des premiers, à qui des meubles si jolis ayent été présentés. On se plaint de n'en avoir point eu la primeur. On s'accuse de peu de goût, de peu d'invention.

Tout cela regardé d'un certain biais ne paroît que des bagatelles. Mais qu'est-ce que le Luxe, sinon une suite de bagatelles métamorphosées en choses de conséquence ? Changer la forme de ses habits & de ses meubles tous les six mois, ne semble au fond qu'un jeu, qu'un frêle amusement. Rien cependant ne marque plus l'inconstance & la légéreté d'une Nation trop avide de ce qui est nouveau, & incapable de se fixer. Rien ne marque plus le goût de cette même Nation pour le frivole, pour l'apparent, pour une certaine décoration extérieure. Et combien un pareil caractére ne donne-t'il pas lieu à des dépenses inutiles & superflues, au luxe

luxe en un mot qui a passé toutes les bornes? Ce luxe est encore autorisé, tant par les fortunes immenses & subites qu'on fait dans le Royaume, que par l'opulence mal réglée de tous ces hommes nouveaux qui paroissent tout-à-coup sur la scéne, & qui le plus souvent sortent de la plus basse origine. C'est les ménager que de ne point parler de leur naissance, ni de leur éducation.

Je suis avec les sentimens les plus distingués, Monsieur, &c.

EXAMEN

DU IX. CHAPITRE

DE L'ESSAI POLITIQUE *fur le Commerce.*

LEQUEL RENFERME UNE efpéce d'Apologie du Luxe.

Rarð & perpauca loquentis.

I.

,, NO u s voilà conduits à la matiére
,, du Luxe & de fes Ouvriers, l'ob-
,, jet de tant de vagues déclamations,
,, qui partent moins d'une faine con-
,, noiffance, ou d'une fage févérité de
,, mœurs, que d'un efprit chagrin &
,, envieux.

L'Auteur de *l'Effai Politique fur le Commerce* fuppofe fans preuve que ceux qui combattent le luxe, ne le font que par une rigueur mal entendue, ou par une austérité de mœurs portée trop loin. Je pense au contraire que le vrai motif qui les anime, est l'amour du bien public, cet amour si ignoré aujourd'hui, & qui peut seul engager un honnête homme à dire librement ce qu'il pense, sans craindre de blesser les oreilles de ces Critiques de profession qui affectent un air difficile, afin de paroître plus délicats. En effet, comme le disoit M. de Thou dans la Préface de sa grande Histoire, on n'aime véritablement sa patrie, que lorsqu'on attaque les erreurs & les folles préventions qui s'y répandent avec d'autant plus de vîtesse, que personne ne s'y oppose.

II.

» Si les hommes étoient assez heu-
» reux pour se conduire par la pureté
» des maximes de la religion, ils n'au-
» roient plus besoin de luxe. Le devoir
» serviroit de frein au crime & de mo-
» tif à la vertu, &c.

Hé quoi ! parce que les Hommes aveugles sur leurs intérêts propres & peu touchés de ce qui doit faire leur

bonheur , s'écartent de la Religion ;
faut-il établir des principes qui rendent inutiles les grands fentimens que
cette Religion infpire ? Tout au contraire , ne doit-on pas les y ramener par
des infinuations douces & adroites ? Ne
doit-on pas leur faire fentir que la four-
ce de toutes les loix eft dans laReligion
naturelle , accrue & fortifiée par la Religion révelée ; enfin , que Dieu n'a
rien prefcrit à l'homme que ce qui pouvoit convenir à un être qu'il a lui-même
créé raifonnable.

III.

» Le Militaire n'eft valeureux que par
» ambition, & le Négociant ne travaille
» que par cupidité. ... Le Luxe leur de-
» vient un nouveau motif de travail.

La nation Françoife déja affez atta-
quée par tant de circonftances malheureufes , le feroit bien davantage , fi ce
que dit ici l'Auteur de *l'Effai fur le Commerce* étoit vrai. Un Militaire , homme
de condition & plein de courage , ne
prend le parti des armes, que parce que
ce parti , le plus noble de tous , eft fon

élément. Il n'a point d'autre profession à embrasser. C'est la sienne. Les uns s'y avancent, les autres se retirent au bout d'un certain nombre de campagnes. Mais en vérité ils ne songent point tous à vivre dans le Luxe : ce ne fut-là jamais leur but. La plupart même se ruinent, & obligés ensuite de vivre avec une médiocre pension, ils traînent une vieillesse languissante & dénuée de tous secours. A l'égard des Négocians, ils travaillent pour se mettre à leur aise, pour se procurer les commodités de la vie, pour bien établir leur famille. Il est vrai que plusieurs d'entr'eux ayant fait une fortune rapide & peu méritée, se livrent au Luxe, & s'y livrent sans aucun ménagement. Mais qu'en arrive-t'il ? leur ruine totale, des banqueroutes frauduleuses, plus communes encore en France que par tout ailleurs.

I V.

» Le Luxe est une somptuosité ex-
» traordinaire que donnent les richesses
» & la sécurité d'un gouvernement ;
» c'est une suite nécessaire de toute so-
» ciété bien policée.

Retranchons le mot de Luxe, & di-
fons que l'abondance eſt la véritable
marque d'un gouvernement bien réglé,
d'une ſociété où régne une ſage police.
Qu'on laiſſe l'autorité dûe aux Loix,
ſans les gêner par des ſurſéances & des
évocations, qu'on entretienne une police qui embraſſe également toutes les
conditions, qui s'étende ſans faveur à
tous les états, qui ſoulage les miſéres
humiliantes des pauvres & réprime les
libertés indiſcrettes des opulens & des
riches, on verra régner l'abondance qui
comme une eau fertile ſe répandra par
tout. Mais que les loix ſoient renver-
ſées, que la police affoiblie ne s'obſer-
ve plus, on verra diminuer l'abondance, & le Luxe prendre ſa place : on
verra de folles profuſions en choſes indécentes, des dépenſes qui, loin d'augmenter la félicité publique, ſembleront
en quelque maniére une inſulte faite
aux mœurs, au goût, à la raiſon.

V.

„Des bas de ſoie étoient Luxe du
„tems de Henry ſecond, &c.

Quoiqu'on en dife, les bas de foie n'é-
toient pas alors Luxe , mais une chofe
chére : ce qu'il faut bien diftinguer. On
fentoit parfaitement au milieu d'une
Cour auffi voluptueufe , & en même
tems auffi fine , que celle de Henry II.
combien il étoit à fouhaiter que l'ufage
de la foie devint plus commun : mais en
attendant , peu de perfonnes (1) y pouvoient porter la main. Quand au commencement du dernier fiécle , graces
aux attentions bien-faifantes des Jéfuites , la prife de quinquina valoit cinquante francs : étoit-ce un Luxe d'y
avoir recours , pour chaffer la fiévre ?
Il falloit feulement être riche.

V I.

» Lorfqu'un Etat a les hommes né-
» ceffaires pour les terres , pour la guer-
» re & pour les manufactures , il eft

_____

(1) On ne peut trop louer les Intendans des
Finances , & fur-tout M. Fagon , qui ont en-
couragé les plantations des mûriers blancs.
L'entretien des vers à foie eft une chofe très-
fimple , & très-lucrative. Combien cet entretien ne doit-il pas être favorifé ?

» utile que le surplus s'emploie aux ou-
» vrages du Luxe.

Je doute 1°. que quand les terres feront bien cultivées, les troupes com-
pletes, les manufactures remplies d'ouvriers, il y ait des hommes de furplus
dans un Etat tel qu'il foit. 2°. En fup-
pofant même qu'il y ait des hommes de
furplus, manque-t-il d'ouvrages publics
où l'on puiffe les employer ? de nouveaux chemins à applanir, des ponts à
bâtir, des hôpitaux à relever, des com-
munications de riviéres à pratiquer.
Toute la reffource eft donc le Luxe,
on ne peut autrement éviter l'oifiveté :
Eft-ce là parler en Légiflateur ?

VII.

» Dans quel fens peut-on dire que
» le Luxe amollit & dégrade une Na-
» tion, &c.

Il me paroît que c'eft dans le fens le
plus fimple & le plus naturel. Le Luxe
conduit à tous les excès, puifqu'il eft
lui-même un excès. C'eft le rafinement
de l'abondance. C'eft un ajouté fouvent ridicule à l'utile, au commode, à

l'agréable que peuvent donner les richeſſes.

VIII.

„ Lorſque dans les derniéres guerres
„ nos armées ont été battues, il y ré-
„ gnoit bien moins d'abondance que
„ dans le tems brillant de nos victoires.
„ Le Luxe eſt en quelque façon le deſ-
„ tructeur de la pareſſe & de l'oiſiveté.

J'avoue que dans le tems de nos proſ-
pérités, lorſque nous donnions la loi à
toute l'Europe ſoumiſe & intimidée par
le bruit de nos armes, j'avoue, dis-je,
que l'abondance régnoit parmi nos
troupes. Elles étoient bien pavées,
bien nourries, bien vêtues. Les Généraux attentifs reſpectoient la vie des
hommes, & ne les expoſoient qu'à propos. Que les choſes ont changé depuis !
Nos troupes réduites aux derniéres extrémités, tranſies de froid, manquant
de pain, ſacrifiées par des Officiers ignorans ou téméraires, ont été battues.
Certainement, le Luxe n'y avoit point
de part. Mais il n'en étoit pas ainſi par
rapport aux Officiers. Ils avoient tous
des chaiſes de poſte, tous des fourgons,

un grand nombre de domeſtiques. Leurs tables étoient ſervies délicatement. Le moindre Officier avoit une toilette à l'armée, une robe de chambre. C'étoit-là le triomphe du Luxe. Mais il faut paſſer vîte ſur des choſes ſi odieuſes, & oubliant ce qui eſt honteux à la nation, tâcher d'imiter ce qui ſe pratiquoit ſous le grand Condé, ſous l'attentif & l'exact Turenne, ſous le ſévére Catinat.

IX.

»Le Luxe d'une nation eſt reſtreint
» à un millier d'hommes, relativement
» à vingt millions d'autres non moins
» heureux qu'eux, lorſqu'une bonne
» police les fait jouir tranquillement du
» fruit de leur labeur.

Il me paroît que le Luxe & la bonne Police ſont deux choſes incompatibles. Elles ſe chaſſent, ſe détruiſent mutuel-lement. L'Auteur de l'*Eſſai ſur le Com-merce* confond toujours le Luxe avec l'abondance, qui eſt véritablement la ſuite d'une bonne Police & ſon prin-cipal objet. Cette Police veut que tout le monde ſoit heureux ſous un gouvernement fage & modéré, que tous les citoyens contribuent fuivant leur induftrie & leurs facultés au bien public. Mais elle ne veut pas que quelques-uns d'entr'eux fe ruinent en folles dépenfes, & infultent en quelque maniére aux autres. Cela ne peut caufer que haine & jaloufie.

X.

„C'eft peut-être le Luxe qui a banni „ des villes & de l'armée l'yvrognerie, „ autrefois fi commune & bien plus nui- „ fible pour le corps & l'efprit.

Chaque vice, chaque défaut a fon tems. On veut aujourd'hui des liqueurs quinteffenciées, des feux agréables & brûlans. Il y a des Provinces où l'on s'enyvre encore : il y en a d'autres où l'on fe pique un peu plus de fobriété. Dans les campagnes, prefque tous les Gentilshommes oififs font adonnés au vin. La chaffe remplit les intervalles que les plaifirs de la table laiffent vuides. Mais qu'on ne s'y trompe point, tout à peu près revient au même.

Suum quemque decet. Quibus divitiæ domi
funt, Scaphio & cantharis.

G vij

Batiolis vivunt : at nos noftro famiolo
      poterio,
Ut ut eft vivimus.

XI.

  ,, Le vague fe trouvera toujours dans
,, la Politique, lorfqu'elle ne fera point
,, ramenée à fes principes fimples & gé-
,, néraux, qui font fufceptibles de toute
,, la démonftration que la Morale peut
,, comporter.

Il ne faut, pour condamner le Luxe,
que ces deux chofes; recourir aux premiers principes & de la Morale & de la
Politique, qui fe prêtent mutuellement
la main. Ces principes réunis & com-
binés enfemble, font voir combien le
Luxe eft pernicieux. D'un côté, la Juftice en eft bleffée, on manque à la *bien-
faifance* dûe aux autres hommes : de
l'autre, on nuit à la fociété, en tour-
nant à des bagatelles, des dépenfes qui
feroient mieux employées à des chofes
utiles & effentielles. C'eft-là l'effet du
Luxe.

XII.

  ,, Lorfque dans les derniéres guerres,

» les Armateurs des villes maritimes re-
» venoient chargés des dépouilles enne-
» mies, étaler leur opulence par des pro-
» fusions extraordinaires, c'étoit le len-
» demain à qui feroit de nouveaux ar-
» memens, dans l'espérance de gagner
» dequoi faire les mêmes dépenses. C'est
» à ce motif que nous devons les grands
» services qu'ils ont rendus à l'Etat,
» & les actions étonnantes des Flibus-
» tiers.

L'Auteur de l'*Essai sur le Commerce*
n'est pas fort instruit de ce qui regarde
les armemens en course, & les voyages de la mer du Sud. Il est vrai que
quelques intéressés tant à ces voyages
qu'à ces armemens, les Volontaires,
les Officiers subalternes, se sont portés
à des dépenses extravagantes. Mais tous
n'ont point agi de la même maniére,
heureusement pour eux, plus heureu-
ment encore pour le bien du Royaume. Qu'on le demande à saint Malo,
à Nantes, à Bordeaux, à Bayonne. Le
Luxe n'a détruit que les fous ; les sages
ont ménagé leurs fonds pour continuer
leur commerce, ou faire de nouveaux
armemens. S'ils s'étoient oubliés par

vanité, ou par amour du plaiſir, bientôt leur ruine totale s'en ſeroit enſuivie.
Un plaiſant motif que le Luxe , pour
rendre des hommes utiles à unEtat. !
Je croirois au contraire que ce motif
les y rendroit moins propres. A l'égard
des Flibuſtiers, l'exemple eſt offenſant.
C'étoient des malheureux ſans loi , ſans
mœurs, ſans aucune probité , que la débauche avoit raſſemblés & qui ſacri-
fioient à cette même débauche les dépouilles qu'ils enlevoient aux Eſpa-
gnols. C'étoient des voleurs extrêmement braves, des incendiaires pires que
les Goths échappés des plages du Nord,
& qui ravageoient inhumainement tout
ce qui s'offroit à leurs yeux.

XIII.

»Le ſomptueux Lucullus , encore
» plus grand Capitaine & auſſi juſte que
» Caton , fut toujours libéral & bien-
» faiſant.

Ce n'eſt pas ici le lieu de comparer
Lucullus & Caton. Le paralléle ſeroit
déplacé. Il ſuffit de dire que le premier
fut accuſé d'avarice & d'une ſévérité ou-

trée, tant qu'il commanda les armées.
Rendu enfuite à lui-même, content de
mener une vie privée, il fe jetta dans
des profufions inouïes. Ciceron qui vi-
voit familiérement avec lui, difoit pour
le difculper, qu'il étoit jufte que Lucullus rendît à la République par fes
magnificences, les richeffes qu'il avoit
amaffées par fon avarice fordide.

XIV.

„ Qu'importe à l'Etat qu'une fotte
„ vanité ruine un particulier envieux
„ de l'équipage de fon voifin ? C'eft la
„ punition qu'il mérite, & l'ouvrier plus
„ eftimable que lui s'en nourrit.

Si ce particulier étoit ifolé, peut-
être que fa ruine importeroit peu à
l'Etat. Mais s'il eft marié, s'il a des enfans, tout l'Etat a intérêt d'empêcher
fa ruine. En effet, par fes folles dépenfes, fa femme eft expofée à des périls
qui doivent allarmer la vertu, fes enfans font privés de l'éducation qu'il leur
doit, & au lieu de devenir de bons citoyens, deviennent des hommes per-
vers, ou des oififs incapables d'aucune

profession honnête. Et cette considération ne doit-elle pas suffire, pour engager ceux qui en ont le pouvoir, à
diminuer les effets du Luxe & à balan-
cer continuellement les moyens par où
une famille s'enrichit, se procure des
biens utiles, & ceux par où elle s'ap-
pauvrit & tombe en décadence ? On ne
sçauroit par conséquent donner de trop
grandes louanges à l'œconomie & à la
frugalité. Elles suppléent à ce qui manque du côté des revenus : elles main-
tiennent les familles, & pour tout dire, les Etats qui font un vaste composé
de familles.

XV.

» Pourquoi se récrier sur tant de fol-
» les dépenses ? Cet argent gagné dans
» le coffre de l'homme somptueux, se-
» roit mort pour la société.

Je crois que l'argent employé à de folles dépenses, n'a pas une vie plus réelle
que l'argent enseveli dans un coffre. Il
ne procure point la consommation qui
regarde tous les citoyens : il procure
seulement le Luxe qui se borne à un
petit nombre de gens. C'est donc à ceux

qui préſident aux divers beſoins de la
ſociété, de propoſer des motifs qui en-
nobliſſent les dépenſes de l'homme
ſomptueux, & comme tout eſt mode
parmi nous, que les François prennent volontiers le ton les uns des autres, je juge qu'on viendroit aiſément
à bout de les corriger du Luxe, au
moins de celui qui *eſt porté au plus haut
point, même au ridicule*, ainſi que l'Auteur de l'*Eſſai du Commerce* eſt obligé
d'en convenir. Les perſonnes en place
n'ont qu'à donner l'exemple : on s'y
conformera. *Obſequium inde, & æmu-
landi amor, validior quam pœna ex le-
gibus & metus.*

XVI.

»Les hommes ſe conduiſent rare-
»ment par la Religion. C'eſt à elle à
»tâcher à détruire le Luxe, & c'eſt à
»l'Etat à le tourner à ſon profit : &
»lorſque nous avons parlé des vaines
»déclamations, ce n'eſt point de cel-
»les de la chaire où les abus particu-
»liers ſont juſtement foudroyés, mais
»de celles qui nous ſont communes
»avec les ſatyres des Payens.

Si la Religion conduit rarement les hommes, c'est en partie leur faute, en partie celle des Légiſlateurs & des perſonnes qui gouvernent. Leur conduite peu ménagée, la vie voluptueuſe qu'ils ménent, la fauſſeté des principes ſur leſquels eſt appuyée leur Politique, font plus de mal que la Religion ne peut faire de bien. *Non tam imperio nobis opus eſt, quàm exemplo.* Mais loin de l'abandonner pour cela, il faut au contraire tâcher d'y porter efficacement les hommes, il faut leur inſpirer les grands principes : & je ſuis convaincu que dans le détail on les trouveroit plus ſouples & plus dociles qu'on ne penſe. D'ailleurs les ſatyres ingénieuſes des Payens contre le Luxe, marquent parfaitement que la raiſon ſeule ſuffit & pour le condamner & pour s'aſſurer par ſoi-même que c'eſt la plus grande plaie que puiſſe recevoir un Etat.

XVII.

„ Le Luxe ne doit pas être confon-
„ du avec l'uſage des marchandiſes des
„ Indes défendu par le Conſeil du Com-

5 merce. Car c'eſt moins par leur ri-
» cheſſe, que pour la conſommation
» d'étoffes encore plus riches de nos
» Manufactures.

Les étoffes des Indes ſont fort au
deſſus des nôtres. Leurs couleurs ſont
plus vives & plus diverſifiées, que les
couleurs des étoffes qu'on fait en France. On a aux Indes plus de cent trente
nuances différentes de rouge, & à peine en avons-nous onze ou douze. Il
y a plus. Les étoffes des Indes ſe la-
vent (1) & ſe nettoient ſans peine, elles perdent rarement leur éclat : au
lieu que les nôtres ſe terniſſent d'abord
& prennent un petit œil gras, ce qui
vient du débouilli ou du défaut des
mordans. En effet, toutes nos ſoies ſe
déteignent facilement, & l'air les mange. Mais comme il eſt à propos de ſou-
tenir nos Manufactures, rien n'eſt plus
ſage que de défendre l'entrée des étof-

(1) Un autre avantage qu'ont les étoffes des
Indes, c'eſt qu'elles ſont moins peſantes que
les étoffes qui ſe fabriquent en France : ce
qui les fait rechercher, ſur-tout des femmes.

ses étrangéres, pour procurer le débit
& assûrer la consommation des nôtres.

XVIII.

„ Le prix des sucres & des autres
„ denrées doit se soutenir, parce que
„ leur consommation annuelle augmen-
„ te à proportion de leur produit.

Je suis fâché que l'Auteur de l'*Essai sur le Commerce* ne s'entende pas ici
lui-même. Pour le rendre plus clair,
& pour nettoyer ses idées, il me paroît à propos de distinguer les denrées qui croissent dans le Royaume,
de celles qui viennent de nos Colonies.
La consommation des premiéres est à
peu près fixe, & le produit ne l'augmente point ou du moins l'augmente
très-peu Mais comme le Royaume fournit plus de denrées qu'il n'en peut con-
sommer, c'est une chose nécessaire qu'il
en fasse part aux Pays étrangers. Toute
l'Europe s'en ressent, & la France fer-
tilisée y trouve un commerce réel, un
fond inépuisable, malgré les variations
qui arrivent ainsi que les plus ou moins
de valuë. Pour les denrées qu'on tire

de nos Colonies comme les fucres, les indigo, le rocou, les cacao & ... leur confommation n'augmente point à proportion de leur produit, au moins dans le Royaume : & ces Colonies feroient bien malheureufes, fi elles étoient fermées aux étrangers, c'eft-à-dire, aux Anglois & aux Efpagnols. Eux feuls peuvent les enrichir, & les enrichiffent effectivement. On a beau s'oppofer à ce commerce, & le défendre par des réglemens en fecret démentis. Il eft trop lucratif, pour fouffrir une longue interruption : il fe reproduit de cent maniéres différentes.

TRAITÉ

Sur le Jardinage, où l'on fait voir les agrémens & les profits qu'on en peut retirer.

Quare agite ô proprios generatim discite cultus,
Agricolæ, fructusque feros mollite colendo.

Virgil.

REMARQUES;

REMARQUES,

Expériences & vûes nouvelles sur le Jardinage, tirées d'un Livre Anglois, intitulé : The Clergy-Man's Recreation , shewing the pleasure and profit of the Art of Gardening.

CHAPITRE PREMIER.

Sur la préparation de la terre pour planter & semer.

LA méthode que je suivrai en traitant ce sujet , ne différera point de celle que je conseillerois à tous ceux qui veulent se faire un jardin d'un lieu qui n'est encore qu'à peine ou point du tout préparé à cet effet. Je ne les engagerai point dans des épreuves & des régles aussi considérables, que celles que

M. de la Quintinie annonce au grand Roi fon maître. Mais j'aurai toujours foin de propofer les méthodes les plus fimples, les moins coûteufes, & en mê-me-tems les plus courtes, pour procurer promtement un fuccès favorable de la peine & de la dépenfe qu'on aura faites. Je vais donc offrir les régles fuivantes à ceux qui veulent fe former un jardin avantageux, ou (ce qui eft le plus ordinaire) qui trouvent une place à l'abri, mais pleine de mauvaifes herbes qu'il faut commencer à détruire avant toute chofe.

Premiérement, je dis qu'à l'égard de ceux qui veulent fe faire un jardin à neuf, & l'environner de murs, une étendue de trente ou quarante *toifes* en quarré eft fuffifante pour en faire le jardin de réferve, je veux dire celui où l'on fe propofe de cultiver des fleurs & des fruits de choix. Il feroit difficile de tenir en état, & de foigner une plus grande étendue. D'abord, il fera à propos, fi l'on n'y rencontre point d'inconvéniens, que les murs qui renferment le nouveau jardin, ne foient pas tournés précifément aux quatre points cardinaux, mais

entre deux, c'eſt-à-dire, au Sud-Eſt,
au Sud-Oueſt, au Nord-Oueſt, & au
Nord-Eſt. De cette maniére les deux
premiers ſeront propres aux meilleurs
fruits ; & les deux autres qui ne ſont pas
ſi favorablement expoſés, le ſeront encore aſſez à des fruits de moindre valeur, comme prunes, ceriſes, poires à
manger cuites. Il faut ſeulement obſerver ici qu'au lieu de conſtruire un mur
tourné au Nord-Eſt, on fera mieux
(pour éviter la dépenſe,) de planter
une forte haye de pruniers ou de pommiers ſauvages, laquelle croîtra aſſez vite
pour procurer un abri ſuffiſant, & même meilleur qu'un ſimple mur, contre
les vents d'Oueſt, & de Sud-Oueſt, qui
font les plus grands ravages dans un jardin, & qui ſuivant mes obſervations,
ſoufflent les deux tiers de l'année. Il ne
ſera pas moins avantageux de planter
ſans ordre quelques ormeaux qui s'éle-
veront à une grande hauteur. Car quoiqu'on faſſe, on doit ſe garder des vents
d'Oueſt, qui étant les plus fréquens,
nuiſent auſſi aux fruits beaucoup plus
que ceux d'Eſt.

    Après avoir ainſi diſpoſé ſon empla-

H ij

cement, & distribué ses allées de sable & de gazon à sa fantaisie, (car sur cela il n'y a point de régle à suivre préférablement l'une à l'autre) on doit se hâter de construire les murs, afin de pouvoir planter les arbres fruitiers au mois d'Octobre, & dans l'intervalle de ce tems, foüir & remuer le terrain pour l'adoucir & le fertiliser jusqu'au retour du printems.

La méthode que doivent suivre ceux qui trouvent une place naturellement à l'abri, mais pleine de mauvaises herbes, est un peu différente. Le premier soin doit être de faire mourir ces plantes, crainte que tout ce qu'ils semeront ou planteront d'utile, n'en soit étouffé. On a proposé différentes méthodes pour cela, comme de semer des turnipes, du chanvre, &c. mais je n'ai rien trouvé de plus actif & de plus assûré que de laisser ce terrain en friche pendant un été entier, & de le renverser à deux ou trois reprises pendant les plus grandes chaleurs & les plus grandes sécheresses. Cette pratique tue non seulement toutes ces plantes, mais encore enrichit & adoucit extrêmement le terrain : com-

me le reconnoiſſent les gens de la campagne (l'Anglois dit *farmers.*)

On ſouhaite d'ordinaire avec une eſpéce d'avidité, de tirer promtement
quelque profit de ſon fond. Mais ſi l'on
y porte de jeunes plants, & qu'on les
confie à la terre, avant que d'avoir abſolument extirpé les mauvaiſes herbes,
c'eſt s'expoſer au repentir. Ce que je
dis ici ne doit cependant pas empêcher
de planter quelques arbres nains & ceux
en *eſpaliers.* Car on ne doit point perdre de tems à le faire, afin de pouvoir
plutôt goûter de leurs fruits : & la méthode propoſée ci-deſſus ne s'y oppoſe
point, parce qu'il eſt aiſé de nettoyer
ces places particuliéres (à quoi il faut
toujours travailler avec ſoin) pendant
que le reſte du terrain reſtera en friche.

Ces remarques conduiſent naturellement à montrer ce qu'il faut faire avant
que de planter les arbres. A moins que
le terrain ne ſoit extrêmement bon, il
convient de faire pour chaque arbre un
creux de quatre pieds en quarré, & de
deux de profondeur, qu'on remplira de
fumier & de bon *terreau.* Si le ſol ſe trou-

voit marneux ou d'un argille roide, il
faudra ramaſſer tous les débris qu'on
pourra trouver de chaux, de pierre, de
menues piéces de brique & de tuile, de
cendre de charbon, de ſable, & les
mêler avec le meilleur fumier & le meilleur terreau, afin que l'argille ne domine
point, & ſoit comme mangé. Qu'on
rempliſſe de ce mélange le creux préparé un demi-pied plus haut que le niveau du terrain, en obſervant de conſerver pour le deſſus quelque peu de
meilleur terreau pur pour y planter les
arbres. Si le terrain au contraire eſt d'un
gravier ou ſable fin, il faudra remplir
les creux avec du fumier de cheval ou
de vache, mêlé de deux tiers de bon
terreau. Quand on aura ainſi nettoyé
ces places, & qu'on les aura préparées
ſuivant la nature de chaque terrain, on
plantera un bâton au milieu de chacune, pour ſervir à marquer l'endroit
précis où il faudra planter l'arbre lui-
même en conſéquence de l'arrangement
qui aura été pris.

Mais parce qu'il eſt d'une grande im-
portance de bien planter les arbres, afin
d'aſſûrer leur accroiſſement, je ne puis

m'empêcher d'ajouter encore une régle
dont la bonté m'a été confirmée par ma
propre expérience. La voici. Rien n'eſt
plus propre ni plus avantageux pour un
jeune plant, qu'une terre vierge ; je veux
dire une terre qui n'a pas été depuis
long-tems retournée par la bêche ou la
charrue. Je ſuppoſe qu'on en peut trouver aiſément dans pluſieurs endroits :
mais je recommanderai ſur-tout celle
des endroits qu'on appelle *communes*,
où les beſtiaux ont coutume de ſe tenir
ſoit pour ſe mettre à l'abri, ſoit par quelque autre raiſon. La richeſſe de cette
terre n'ayant jamais été épuiſée par les
ronces ou les mauvaiſes herbes, elle eſt
d'une fertilité étonnante, & toujours
beaucoup plus, à mon avis, qu'aucune
terre factice. C'eſt du moins ce que j'ai
trouvé de plus convenable pour procurer un promt accroiſſement à de jeunes
plants : & par cette raiſon, plus vous
mettrez de cette terre dans les lieux où
vous voudrez planter des arbres, plus
vous réuſſirez. Il faut obſerver ſeulement d'enlever d'abord un mince gazon par deſſus, & de ne prendre du deſ-
ſous que la profondeur de la bêche : &

H iiij

ſi le terrain eſt marneux & ſujet à ſe gê-
ler, on mêlera à cette terre de la cendre de charbon de pierre, ou du ſable.
Sans cette précaution, la terre tranſpor-
tée deviendroit bientôt de même nature
que celle qui l'environne ; & au bout de
onze à douze ans les arbres commence-
roient à dépérir.

J'avertirai ici que c'eſt tuer imman-
quablement un jeune arbre, que de le
mettre dans la place où il y en avoit un
vieux. On doit prendre des ſoins extraordinaires pour remplir la place vuide
avec cette terre vierge dont nous avons
parlé. On doit encore y en mettre auſſi
loin qu'ont pû s'étendre les vieilles racines, ou que celles du nouvel arbre
pourront aller.

Il ne ſera pas inutile d'ajouter que, ſi
vous avez un bon terrain ſans profondeur, ou que votre jardin ſoit trop humide, c'eſt une pratique très-ſûre de
couvrir le fond des creux deſtinés à recevoir les arbres, de tuiles ou de bri-
ques, afin d'empêcher les racines de
pouſſer en embas, & de les obliger de
chercher le bon terrain. Car c'eſt une
maxime en fait de jardinage, que plus

les racines & les branches des arbres fruitiers s'étendent horizontalement, plus ils portent de fruit : ce que j'aurai occasion d'observer plus au long dans le Chapitre de la taille des arbres. Je suivrai celui-ci en engageant les personnes qui ont le malheur d'avoir un terrain trop humide, de lui procurer une grande quantité d'écoulemens ; & ce travail se peut faire sans beaucoup de peine, en creusant des tranchées de deux ou trois pieds de profondeur, qui ayent une pente vers quelque terrain plus bas, & qui se déchargent dans des pierres ou des décombres. On couvrira ces tranchées de branches vertes, & on rejettera de la terre par dessus. J'ai éprouvé que ces écoulemens durent plusieurs années, & qu'ils dessèchent parfaitement un terrain.

Hv

CHAPITRE SECOND.

De la maniére de planter les arbres fruitiers.

APRÈS avoir difposé les bordures du jardin qu'on a choifi, il faut avoir un grand foin de difpofer les jeunes arbres fruitiers. Car s'ils ne font pas bien plantés, c'eft-à-dire, à la hauteur convenable & à la diftance néceffaire, ou que leurs racines ne foient pas mifes en ordre, toute efpérance de réuffir eft perdue.

Si les arbres viennent des pepiniéres des environs de Londres, (ce qui me femble le plus prudent) la premiére chofe à faire eft d'élaguer leurs racines, en ôtant entiérement toutes les petites fibres, & en réduifant les plus groffes à la longueur de fix pouces environ du tronc ; & en cas qu'elles ayent reçu quelques bleffures dans le tranfport, il faut couper abfolument ce qui a été endommagé. Deux ou trois *groffes racines* fuf-

fifent. Mais s'il y en a davantage qui
foient en bon état, il faut les laiffer après
les avoir émondées, comme on l'a dit
des menues fibres.

Ce qu'on doit faire enfuite pour ra-
nimer les racines qui, ayant été plufieurs
jours hors de terre, ne peuvent manquer d'être extrêmement féches, eft de
les plonger dans un vafe plein d'eau mêlée avec du lait. Il faudra les y laiffer
vingt-quatre heures. Cette préparation
rendra les racines plus souples, & les
difpofera à pouffer de nouvelles fibres
dans la terre, quand elles y feront plan-
tées.

On doit pareillement élaguer la tête
aux jeunes arbres : mais cette opération
ne doit fe faire qu'après qu'ils auront
commencé à pouffer dans le printems.
Une feule branche fuffit pour une tête,
& il n'eft pas à propos d'en laiffer plus
de deux. Il faudra couper les autres à
fix pouces au-deffus de la greffe. Si
c'eft un arbre nain, il veut être planté
le plus droit qu'il fe pourra. Pour ceux
en efpalier, écartez-en le pied de la fon-
dation du mur, en y inclinant fon fom-
met.

H vj

Les avis que j'ai donnés fur la taille des racines & de la tête des arbres, doivent être particuliérement obfervés. C'eſt une faute fort ordinaire à ceux qui manquent d'expérience, de leur laiſſer autant de tête qu'ils peuvent, croyant par là voir plutôt leurs murailles garnies & couvertes de fruits : au lieu que ſi cette façon d'agir ne met pas le jeune arbre en danger, c'eſt du moins le moyen de retarder de beaucoup fon accroiſſement, & d'avoir fes murailles nues & découvertes vers le bas. En effet la raiſon & l'expérience nous apprennent qu'il doit y avoir une juſte proportion entre les racines & le tronc. Car la Nature ayant été arrêtée dans fes opérations, lorſqu'on a enlevé l'arbre de terre, & fes racines ayant été bleſſées, coupées & expoſées à l'air , comment pourront-elles lui fournir de la nourriture, ſi on ne le débarraſſe de fa tige ? Il s'enſui-vra donc que ſi cet arbre vit, ce ne fera qu'en languiſſant. Cependant on doit s'appercevoir par ce que je viens de di-re , que cette régle eſt fuſceptible de modifications à l'égard des arbres qu'on ne fait que tranſporter d'un endroit du jardin dans un autre, avec beaucoup de ſoins & de la terre autour du pied. J'en ai ainſi tranſplanté ſouvent ſans retrancher aucune racine ni aucune branche ; & cela m'a toujours réuſſi. Mais on ne doit le pratiquer que ſur de jeunes arbres : & je l'ai fait quelquefois à deſſein, & afin de diminuer la trop grande vigueur de ceux qui ſe jettoient tout en bois. Il ſuffit dans ce cas de les ôter de leurs places avec précaution, & de les y remettre immédiatement après. On en verra la raiſon, quand il s'agira de la taille.

On doit avoir égard à la nature différente des terrains, pour déterminer la hauteur à laquelle il faut planter les arbres au-deſſus du niveau de la ſurface de la terre. Dans un ſol chaud & ſec, une petite élévation eſt ſuffiſante. Mais dans un terrain de glaiſe & humide, on ne ſçauroit les trop élever, pourvû que leurs racines ſoient ſuffiſamment couvertes de bonne terre, & qu'on les entretienne la premiére année, dans une fraîcheur propre à les garantir des ardeurs du ſoleil. Par ce moyen, on les préſervera de la mort, & ils réuſſiront beaucoup plutôt, quand même il paroîtroit quelques-unes des grosses racines à découvert. Il faut se souvenir d'avoir égard à l'affaissement de la terre neuve, qui pourroît tromper de trois à quatre pouces. Il faut aussi avoir soin de ne laisser aucun vuide aux racines, mais de paîtrir & de presser la bonne terre doucement avec les mains, afin de les y faire joindre. En suivant ces régles, on ne doit point craindre qu'aucun arbre ne prenne, & ne croisse heureusement.

Il ne sera pas inutile de faire ici quelques remarques sur la maniére de conserver les arbres humides la premiére année, & même la seconde, s'il en est besoin. Mrs *London* & *Wise* recommandent de mettre six pouces de hauteur de fougére & de pailles mêlées, autour de chaque arbre jusques à deux & trois pieds de distance après, avoir mis auparavant sur cet espace du fumier à demi pourri. J'approuve tout-à-fait cette méthode, pour conserver de la chaleur aux racines pendant les gelées violentes de l'hyver. Mais si la paille & le fumier restent long-tems ensemble, ces matiéres unies,

produiront des vers, des fourmis & plufieurs autres infectes nuifibles. C'eft
pourquoi je n'ai rien trouvé de plus propre à procurer de la fraîcheur & de l'humidité aux racines pendant l'été, que
de mettre du fable à l'entour du tronc
jufqu'à une diftance convenable, & de
le paver enfuite avec de petits graviers
& de petits cailloux, qui non feulement préfentent quelque chofe d'agréable à la vûe, mais qui fervent encore à
tenir l'arbre frais & humide. Un autre
avantage, c'eft de conferver la terre,
quand on arrofe cet arbre, & d'empêcher qu'elle ne foit enlevée par l'eau
qu'on y jette en abondance.

On doit auffi obferver que cette méthode de gouverner les arbres fruitiers,
en les plantant, eft auffi d'ufage pour
gouverner les arbres qui confervent
toujours leur verdure, qui fervent à la
décoration des Jardins & au plaifir des
yeux. Je veux dire qu'on doit les planter fuivant les régles données ci-deffus;
mais on ne doit pas les élaguer, principalement les Houx & les Ifs. Leurs
racines retiennent la terre avec elles,
en affez grande quantité pour pouvoir

les tranſporter à de petites diſtances : &
s'il y a plus loin, il faut mettre ces ar-
briſſaux dans des paniers, afin que l'on
n'ait pas beſoin de les toucher avec le
couteau.

Pour ce qui regarde la diſtance à laquelle on doit planter les arbres les uns
des autres vis-à-vis les murs, cela doit
en grande partie ſe régler par la hauteur du mur même. Vingt pieds de diſtance ſuffiſent ſi le mur a dix ou douze
pieds de hauteur : mais s'il n'a que ſept
ou huit pieds, la moindre diſtance qu'on
puiſſe donner à ces arbres eſt de qua-
torze pieds. Il faut ſeulement obſerver
qu'un poirier, un prunier, un abricotier ou un ceriſier demandent une plus
grande diſtance qu'un pêcher quel qu'il
ſoit. C'eſt pourquoi les murailles baſſes
conviennent davantage à ces derniers,
ſi ces arbres ont un bon aſpect. Je ne
puis que recommander la méthode de
pluſieurs Jardiniers des environs de
Londres, qui plantent les grands arbres
comme les ceriſiers, les pruniers dans
les eſpaces mitoyens des murs; de ſorte
que le ſommet & le bas ſe trouvent garnies dans deux ou trois ans; & ainſi à

meſure que les arbres nains croiſſent &
s'étendent, ils ôtent les grands arbres,
pour les mettre à grand vent dans des
vergers. Cette méthode eſt très-bonne,
à moins qu'on n'aimât mieux planter
dans ces intervalles de la vigne, qui
croît promtement & qui rapporte du
fruit dans deux ou trois ans.

Pour la meilleure ſaiſon de planter,
la régle générale qu'on peut donner,
ſans rien craindre, eſt depuis le milieu
d'Octobre juſqu'au milieu de Mars. Il
faut ſeulement ſe donner de garde de
rien opérer pendant les froids rigoureux de l'hyver : & ſi les arbres en arrivant ſont ſurpris par ces froids, la ſeule
reſſource eſt de les mettre dans la cave
avec de la terre autour des racines, &
de la paille au-deſſus. On les y laiſſera
juſqu'à ce que les gelées étant paſſées,
on puiſſe les planter en ſûreté.

J'ai dit que la ſaiſon de planter étoit
renfermée entre les mois d'Octobre &
de Mars ; je préfére cependant qu'on
plante en automne plutôt qu'au printems par ces deux raiſons.

1°. Parce qu'un arbre planté en Octobre ou en Novembre, ſi le terrain

n'eſt pas trop humide & froid, ſe diſ-
poſera à croître pendant le reſte de
l'automne, & même dans l'hyver. Ses
racines s'enfleront peu à peu, & ſe pré-
pareront à jetter les petites fibres qui
ſervent à nourrir l'arbre, & le diſpoſe-
ront à recevoir plus efficacement les
douces influences du Soleil au retour du
printems. La terre ſe ſera même alors
raffermie & rapprochée des racines, de
maniére qu'elle défendra mieux l'arbre
contre les vents ſecs de Mars & d'Avril
qui ſont ſi funeſtes aux jeunes arbres,
ainſi qu'aux plantes & aux fleurs nouvellement tranſplantées.

2°. Parce que c'eſt dans le printems
que ſe font les plus grands travaux du
jardinage, comme de ſemer, de greffer, de tailler, d'attacher les arbres. On
ne doit donc pas ſe ſurcharger encore
du travail de planter des arbres, tandis
qu'on en a d'autres d'une conſéquence
infinie. On dit ordinairement que ce
qui eſt fait à la hâte, n'eſt jamais bien
fait, & que quand une choſe eſt ſage-
ment commencée, elle eſt à moitié fi-
nie. Il eſt vrai que le bonheur conſiſte à
n'être jamais ſans quelques occupations;

mais il ne faut pas en avoir trop. Je
pense qu'on doit les amener fuccessive-
ment, & les enchaîner l'une à l'autre
avec ordre; non en foule & tumultuai-
rement. D'ailleurs, un homme qui fçait
penfer & raifonner, eft charmé d'avoir
quelques momens de loifir & quelques
intervalles entre fes divers emplois, pour
s'en rendre compte, & élever de tems
en tems fes yeux & fon ame vers le fou-
verain Auteur de tout bien & de toute
profpérité.

Mais je reviens au fujet entamé, &
je finis ce Chapitre. Les arbres étant
plantés fuivant les enfeignemens que
j'ai donnés, & étant reftés jufques au
commencement de Mars avec leur haute tige attachée au mur, de peur qu'ils
ne fuffent fecoués par le vent, on doit
alors leur racourcir la tête, fans un plus
long retardement. Mais il faut le faire
avec un couteau bien tranchant & d'une
main ferme & affûrée, afin de ne point
ébranler les racines. On coupera donc
chaque tête en talus, de maniére que
la coupe regarde le mur.

CHAPITRE TROISIEME.

De la plus agréable difposition d'un Jardin.

APRE's avoir pris foin de garnir les murs d'arbres plantés & fuivant la meilleure méthode & dans la faifon la plus propre, je vais les livrer aux faveurs du Ciel qui donne la vie & l'abondance ; & je confidérerai à préfent ce qu'il refte à faire pour rendre les autres parties du jardin auffi agréables qu'utiles. Mon deffein n'eft pas de tracer toutes les formes différentes qu'on a imaginées, ni de propofer de grands objets. Chacun peut choifir celui qui le flatera davantage, dans une auffi petite étendue de terrain que je la fuppofe. J'offrirai feulement quelques idées nouvelles à ceux qui aiment le jardinage, pour reveiller leur imagination & leur goût.

Je dirai donc que, fi j'avois le choix de plufieurs figures d'égal prix & de même valeur, je prendrois un quarré ou plutôt un quarré long. Je menerois ensuite du milieu de ma maison une allée sablée avec des bordures étroites de gazon pour l'hyver & deux rangs de ces sortes d'arbres qui conservent leur verdure en tout tems : ce qui regardé de la maison formera toute l'année un agréable coup d'œil. Cependant je ne serois point embarrassé d'une place irréguliére de terrain : car on peut lui procurer une sorte de beauté, comme à la plus réguliére. Avec des alignemens, on arrange tout, on fait tout goûter. Une forme triangulaire a ses beautés de même qu'une forme quarrée : & un terrain irrégulier peut réunir l'une & l'autre par le moyen des alignemens, c'est-à-dire des bordures & des allées.

J'avoue à la vérité qu'on ne peut pas cacher aussi aisément les irrégularités d'un petit emplacement, que les irrégularités d'un plus étendu. Dans celui-ci, de longues allées & de hautes palissades bornent & terminent une vûe trop vague : & quoiqu'il s'y rencontre des angles aigus ou obtus, cette vûe n'en est point blessée. A mesure qu'on avance, il se présente de nouvelles beautés. On peut donc faire que trois ou quatre allées avec un double rang de palissades, aboutissent à un même endroit, & que les espaces triangulaires soient disposés agréablement & remplis ou d'arbres nains, ou d'arbrisseaux fleuris, ou de plantes toujours vertes, ou enfin d'une petite touffe d'arbres qui s'élevant les uns au-dessus des autres, cachent toutes les irrégularités. Il s'agit seulement de tondre & d'entretenir ces arbres exactement.

On s'apperçoit sans peine que tout cela exige des dépenses considérables, & ne peut convenir qu'à des personnes fort riches. Mais quelques soins qu'elles prennent à bien faire équarrir & niveller leur jardin, elles doivent songer qu'il y a de certaines irrégularités plus belles que les beautés les plus recherchées. C'est au goût à en décider : mais d'ordinaire ces personnes ont peu de goût, & s'imaginent en avoir beaucoup : c'est-là leur folie.

Si l'on déguise, si l'on sauve assez facilement les principales irrégularités d'une grande piéce de terrain, on peut auſſi réduire la forme irréguliére d'un jardin à quelque choſe de régulier, pourvû cependant qu'elle ne ſoit pas trop bizarre, comme on peut en juger par la Figure ci-deſſous. Mais il arrive rarement qu'on rencontre une piéce de terre déja entourée de murs & deſtinée à un jardin, qui ſoit auſſi irréguliére : & l'on ne peut guéres ſuppoſer qu'un homme, pour peu qu'il ſoit amateur de l'ordre & de l'arrangement, choiſiſſe ſi mal, quand il peut mieux faire.

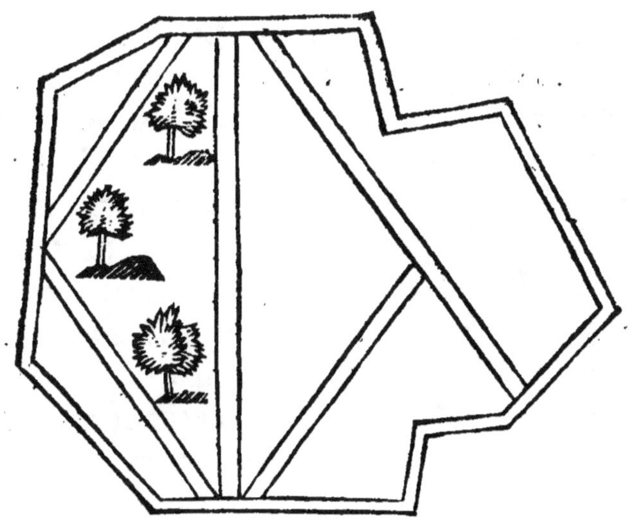

A l'égard des allées, chacun ſçait que celles qui ſont ſablées & celles qui ſont en gazon, se disputent l'avantage l'une sur l'autre. C'est pourquoi il est à propos d'en avoir de ces deux sortes : & je pense qu'une largeur de sept pieds est suffisante, dans un jardin de la grandeur que je l'ai supposé. Je dois ajouter qu'il en résultera un avantage par les suites, si l'on fait sabler les allées paralléles aux murs exposés au Sud-Ouest & au Sud-Est, parce que les arbres plantés le long de ces murs recevront par la réflexion une plus grande chaleur.

Je n'ai point encore parlé des matériaux propres à bâtir les murs, parce que je suppose que chacun choisira ceux qui se trouveront sous sa main, & à sa portée. La brique est sans contredit ce qu'il y a de plus commode pour les jardins. Effectivement, si l'on fait attention au nombre de clouds qu'il faut employer pour attacher les arbres, & que les clouds de latte sont ceux qui conviennent davantage aux murs de brique, je crois que ces derniers coûteront moins que les murs de pierre, dont les joints étant plus grands, demandent aussi de plus gros clouds.

Il y a une sorte de murs dont on fait usage dans les Comtés de Nortampton & de Leiceſtre. Ils ſont faits de terre & de paille bien mêlées & corroyées enſemble : & quoiqu'ils ne ſoient pas auſſi beaux que les autres, j'oſe dire, contre l'avis de pluſieurs, qu'ils leur ſont préférables pour accélérer la maturité des fruits ; & je l'ai ainſi remarqué par mon expérience. Il eſt vrai que le fruit eſt expoſé à être ſali par de grands orages de pluyes : mais c'eſt un foible inconvénient, & l'objection n'eſt d'aucun poids par rapport aux fruits qu'on a coutume de peler, comme les pêches & les poires.

Si les murs ſont faits de bonne terre, & qu'on les ait laiſſés ſe raſſeoir, les clouds y prendront. Autrement je me ſers de chevilles de bois, telles que les chevilles dont on ſe ſert pour les mauvaiſes murailles, afin d'y attacher les branches. Le large chapeau de paille dont on couronne ces murs, procure encore un avantage aux fruits, en les mettant à couvert & en les défendant des pluyes perpendiculaires. Mais comme je l'ai déja obſervé, ils ne ſont pas

Tome III. I

agréables à la vûe ; & ceux qui ne con-
fultent que la beauté apparente, préfé-
reront les murs de brique.

Il n'eft pas à propos de donner trop
de largeur aux platebandes qui bordent les murs. Trois pieds fuffifent, afin
de n'être pas obligé d'y entrer toutes
les fois qu'on voudra cueillir un fruit,
ou attacher un cloud. Il y a une grande
quantité de plantes aromatiques, qu'on
peut recommander pour garnir ces platebandes, comme le thin, la marjolai-
ne, le romarin, &c. Mais rien n'y eft
plus propre que le buis nain, parce qu'il
eft en même tems d'une grande durée,
& qu'on peut aifément l'entretenir, en
le tondant avec foin.

Au furplus, je n'ai jamais craint de
deshonorer mon jardin de referve, dont
j'avois rendu le terrain plus fertile qu'à
l'ordinaire, en y femant dans les efpa-
ces intermédiaires des arbres, quelques
plantes rampantes dont on fait ufage
dans la cuifine : ce qui rendoit ce jardin
auffi utile qu'agréable. Toutes ces plantes ne devenant pas trop hautes, &
rempliffant la place de mauvaifes herbes, non-feulement ne déplaifent point

à la vûe, mais forment plutôt un aspect
riant au travers des arbres & des fleurs.
J'avoue que je bannis de mon jardin toutes les plantes qui s'élévent trop vîte,
comme les pois, les féves, les choux,
&c. & qui font beaucoup de saletés &
de ravages. C'est pourquoi je les cultive
à part, & dans un endroit plus éloi-
gné. En voilà assez sur cette matiére.
Chacun pourra corriger à son goût, &
même suivant son caprice, ce qui lui
paroîtra défectueux dans une piéce irréguliére de terrain. Je n'ai garde de l'en
blâmer, ni d'y trouver à redire.

CHAPITRE QUATRIEME.

Des Pepiniéres.

CES différens travaux étant ache-vés & conduits à leur perfection, le jardin de plus se disposant favorablement, on doit songer à élever des pepiniéres de toutes sortes d'arbres, & en les élevant avec industrie à prévenir les besoins qui se renouvellent chaque année.

D'abord, je ne suis pas d'avis qu'on éloigne trop les pepiniéres des lieux qu'on fréquente journellement : & je voudrois qu'on donnât, s'il est possible, aux principales une place dans le jardin de réserve. Autrement elles seront négligées & oubliées. La figure irréguliére d'un jardin est très-avantageuse pour cela : car elle fournit en divers endroits de petits espaces, dont un habile Jardinier peut tirer bon parti.

Il faut avoir au moins deux terrains séparés pour des pepiniéres, sçavoir, un pour les arbres à plein vent, comme pommiers, poiriers, chênes verd, ormes, frênes, ficomores : & ce terrain pourra être à quelque diftance de la maifon du Maître. L'autre fera pour les arbres nains, comme pêchers, abricotiers, pruniers, & cerifiers. Je fouhaiterois qu'on y en ajoutât un troifiéme pour les plantes toujours vertes, qui font d'un grand mérite, furtout l'hyver où toute la Nature eft comme morte & fans agrément.

Les pepiniéres deftinées aux grands arbres, doivent être placées dans un bon & riche terrain, où l'on femera en Octobre & en Nov. les pepins & les noyaux des différentes fortes d'arbres qu'on voudra élever. Ceux des pommiers & des poiriers fauvages font à préférer aux pommiers & aux poiriers de jardin. Les ormeaux & les tilleuls viennent mieux de bouture que de graines. Pour les noyers, il faut femer la noix avec fa premiére écorce verte, afin de les préferve des fouris & des taupes pendant l'hyver. Si cette pepiniére eft bien entretenue & bien façonnée, dès la troifiéme année, les fauvageons de pommiers & de poi-

riers feront propres à être greffés. Ce
fujet étant d'une conféquence infinie, il
me fournira la matiére d'un chapitre particulier.

Les arbres nains demandent une pepiniére en particulier, afin de n'être point
opprimés par les arbres à plein vent.
J'obferverai que les noyaux d'abricots
ou de pêches nefont nullement propres à
donner de bons arbres. Ce qu'on exige
d'eux, c'eft de porter d'excellens fruits,
& d'être avec cela de durée. Pour cet
effet, il faut femer à la fois une grande
quantité de noyaux de prunes de toute
efpéce : & ce fera fur les arbres qui en
proviendront, qu'on greffera les pêchers & les abricotiers, dont la durée
répondra à la bonté du fruit. Manque
d'un pareil foin, on a fouvent vû fe dé-
peupler des pepiniéres, les arbres mou-
rant en deux ou trois ans, quoique les
fouches euffent d'abord paru dans un
très-bon état. Les cerifes noires font
auffi les feuls qui puiffent fournir des
fujets convenables à toutes fortes de cerifiers. Mais il n'en eft pas de même des
pruniers dont la meilleure efpéce peut
s'enter fur quelque prunier que ce foit.

J'en excepte les rejettons, parce qu'ils font toujours difposés à en donner d'autres, qui par leur nombre épuifent bientôt la vigueur de l'arbre.

La troifiéme pepiniére dont j'ai fait mention, mérite une place diftinguée dans un jardin, où elle demande un foin particulier & différent de celui des deux autres pepiniéres. On fera feulement une ample provifion de bayes ou de graines de laurier, de houx, de geniévre, qu'on mettra dans des caiffes féparées telles que les caiffes qu'on employe ordinairement. On les couvrira de bonne terre, & on cachera ainfi une année ces graines ou ces bayes. Elles perceront la feconde, pourvû qu'on les délivre des mauvaifes herbes : & malgré leur lenteur à croître & à fe développer, on fera récompenfé la troifiéme année de fa peine & de fes travaux par la beauté, l'utilité & la vigueur de ces plantes vertes : au lieu que fi l'on s'étoit contenté de les tirer des bois & des hayes, elles réuffiroient mal dans un jardin : la plupart mourroient, & les autres ne feroient qu'amufer un curieux de l'efpoir d'un promt accroiffement, ſans jamais répondre à ſon attente.

Cette derniére pepiniére ſera d'un grand uſage pour donner à un jardin de nouvelles beautés, lorſque les occaſions s'en préſenteront, ou qu'on voudra l'orner avec des paliſſades toujours vertes. Parmi ces plantes, il n'en eſt aucune, à mon goût, qui puiſſe être comparée à l'if, lorſqu'on a ſoin de le tondre. Il devient alors épais, & peut braver en quelque ſorte les plus rudes hyvers : ce qui le rend le meilleur & le plus durable ornement d'un jardin. Pour s'en convaincre, il ne faut que ſe promener dans le jardin de Médecine d'Oxford, où la nature & l'art contribuent au plaiſir & à l'inſtruction de ceux qui le viſitent. Je remarquerai ſeulement que l'if aime l'uniformité, & qu'il eſt naturellement propre à croître en forme réguliére, ſans ſe dégarnir : de ſorte qu'il n'eſt pas difficile de le diſpoſer en paliſſades ou en piramides.

Les houx forniront des ſujets propres à élever par le moyen de la greffe, différentes eſpéces d'arbres. Quoique ces houx ſoient à préſent communs, ils ornent toujours beaucoup un jardin, parce

qu'ils déploient leurs beautés quand
toutes les autres plantes ont été dépouil-
lées. C'eſt alors qu'ils ſont couverts de
fruits, qui par leur rougeur forment le
plus agréable mêlange avec le blanc,
le jaune & le verd de leurs feuilles.

Je ne dois pas oublier de vous dire ici
que les ſapins & les pins doivent être
élevés de ces petites graines que renferment leurs fruits. Ces arbres ſortiront
la premiére année, & deviendront forts,
beaux, principalement dans une terre
froide & argilleuſe. Les Philarias réuſſiront mieux de boutures : & pour ce qui
regarde la vigne & les figuiers, leur culture & leur accroiſſement ſont ſi faciles
d'après les boutures & les rejettons,
qu'on ne doit pas en aucune maniére
être embarraſſé là-deſſus.

CHAPITRE CINQUIEME.

De la taille des arbres.

LA plus importante connoissance d'un amateur de jardinage est de sçavoir comment & dans quelle saison il doit tailler les arbres, afin d'avoir des fruits de choix dont la récolte le dédommage des peines qu'il s'est données. Ces peines, quelque grandes qu'elles soient, ne le sont pas autant que M. de la Quintinie voudroit nous le faire croire par la maniére ennuyeuse & énigmatique dont il traite ce sujet; maniére plus propre à embarrasser le Lecteur qu'à l'instruire. J'ai vingt ans d'expérience sur cette matiére : & si je puis m'expliquer aussi clairement que je le souhaite, je ne doute pas que mes instructions ne mettent les Curieux en état d'exécuter facilement ce que je propose ici, & que j'ai moi-même exécuté par avance. Heureux si je puis réveiller l'amour du jardinage, & faire ensorte qu'on soit récompenfé des dépenfes qu'il exige , par une fuite d'agrémens , & par des fruits auffi bons au goût qu'abondans !

Pour en venir donc à la maniére de tailler les arbres , il eft difficile de ré-duire tous les cas à une méthode géné-rale & exacte , & de fuivre l'ordre des tems. C'eft pourquoi je vais d'abord propofer quelques régles préliminaires , par lefquelles on puiffe fe conduire dans la culture des arbres fruitiers , foit nains , foit à plein vent : & je donnerai enfuite des avis particuliers pour cha-que forte d'arbre qu'on n'a point affez diftinguée jufqu'ici. Je demande qu'on fuive mes réflexions.

1°. Plus les branches d'un arbre font conduites horizontalement , plus il de-vient propre à porter du fruit : & par conféquent plus fes branches font droi-tes & perpendiculaires , plus il fe jette en bois , & moins il porte de fruits.

Ce que je viens d'avancer eft une cho-fe que j'ai éprouvée depuis long-tems : & la raifon que je crois pouvoir en don-ner , c'eft qu'en courbant les branches d'un arbre , & les forçant à prendre une fituation horizontale , on arrête la féve ou la circulation trop libre. On arrête, dis-je, cette circulation qui, lorsqu'elle se fait trop aisément, ne sert qu'à augmenter ou à grossir le bois de l'arbre. Mais s'il arrive par quelque moyen ou par quelque accident que cette circulation soit arrêtée, soit dans le corps de l'arbre, soit dans sa racine, il se forme alors moins de pousses ligneuses & plus de boutons destinés à porter du fruit.

2°. Une conséquence de la proposition précédente, est le grand soin qu'on doit avoir de délivrer le milieu d'un arbre d'un bois inutile ou de branches épaisses. A mesure qu'on les voit croître & grossir, il faut les couper entiérement : & il n'y a sur cela rien à craindre. La place sera bientôt remplie de nouvelles branches bien meilleures & plus fertiles. Les arbres nains doivent être tenus tout ouverts & dépouillés de bois. On leur laissera seulement les branches horizontales. Pour les espaliers, si l'on a soin de garnir les murs de branches horizontales, la Nature en fournira une abondante provision pour le milieu. C'est pourquoi l'on pourra choisir avec discrétion celles des pous-

ſes qui ne ſeront pas trop vigoureuſes,
pour fournir des branches à porter du
fruit. Le manque de ces branches ou le
manque de fleurs dans un arbre frui-
tier, eſt généralement parlant un repro-
che du peu d'habileté de celui qui le
cultive. Car quoiqu'il ne puiſſe pas à ſon
gré commander aux fleurs de produire
des fruits à cauſe des mauvaiſes ſaiſons,
il le peut cependant à quelques égards,
en tenant toutes les parties de ſon arbre dans un état propre à en porter.

3°. Une autre régle générale à obſerver, c'eſt de ne point tailler l'arbre
trop plein ni trop couvert de branches
mêmes qui promettent des fruits, comme on le remarque fréquemment dans
la culture des pêchers & des ceriſiers.
La Nature ne pouvant pas leur fournir
une quantité ſuffiſante de ſéve propre
à les nourrir, il ſuit de-là qu'aucun de
ces fruits n'en ſera bien fourni, & que
la plupart des fleurs ſe flétriront & tom-
beront à terre. Quoi qu'il en ſoit, on
doit laiſſer entre les branches un eſpace convenable. Car une multitude de
branches croiſées les unes ſur les autres,
ne produit ni la même quantité ni la

même qualité de fruits. D'ailleurs, c'eſt
agir contre les régles de l'art , & l'on
regarde cette pratique comme faiſant
un effet déſagréable à l'œil. J'avoue
qu'une petite branche peut fort bien
ſe dérober derriére le corps de l'arbre
ou même derriére une de ſes principales branches , & par ce moyen ne point
bleſſer la vûe : & à la fin de l'année, le
fruit qù'elle rapporte , récompenſe du
ſoin qu'on a eu de la conſerver.

Enfin, j'ajouterai pour derniére régle , qu'il faut laiſſer les branches fortes
& vigoureuſes plus longues que les branches foibles ; & par conſéquent on doit
tailler plus court un arbre qui eſt malade, & lui retrancher plus de branches,
qu'à un arbre plus fort & ſe bien portant. Il me ſemble que je n'ai pas beſoin
d'ajouter qu'il faut couper toutes les
branches qui pouſſent directement en
haut & les couper tout près du corps d'où
elles partent , comme auſſi toutes celles
qui viennent du nœud où pend le fruit.
Après avoir donné ces avis généraux,
je ſuis perſuadé qu'un amateur zélé du
jardinage, avec le ſecours des obſervations qu'il aura faites lui-même, pourra

réuffir affez heureufement à tailler fes arbres fruitiers. Mais comme il y a quelques différences dans la culture & dans la conduite de ces arbres (j'entens toujours ici parler de ceux qui croiffent en efpalier) je vais remarquer diftinctement quelle eft la méthode la plus fûre, & la plus expéditive pour les tailler.

La Vigne.

Je vais donc commencer par la vigne, dans l'état où elle eft ordinairement au mois de Novembre. Si l'arbre a encore dans ce tems-là un refte de vigueur, elle doit être bien diminuée, quelque foin qu'on en ait eu l'été précédent, parce que la vigne eft de tous les arbres celui qui jette de plus longues branches. C'eft pourquoi, j'obferverai conformément au premier & au troifiéme avis, que les branches les plus petites & les plus foibles ne produifent jamais de fruit, & qu'on doit par cette raifon les retrancher , puifqu'elles ne ferviroient qu'à affoiblir l'arbre, en tirant à elles la féve deftinée à la nourriture des branches portant fruit , lef-

quelles font les plus vigoureuſes , &
qu'on doit conſerver avec ſoin. Au ſur-
plus la vigne demande à être dégagée
de bois plus qu'aucun autre arbre. On
doit donc examiner avec prudence quel
vieux bois on peut entiérement lui épargner , & comment on remplira l'eſpace
vuide avec des pouſſes vives des environs : tout cela en gardant chaque année le bois neuf , & en ôtant le bois
vieux. Cette premiére taille de la vigne
doit être faite quelque tems avant le
mois de Février.

J'envoie la ſeconde vers le milieu du
mois de Mai , quand les bourgeons des
grapes ſont tout formés , & que les branches ont acquis cinq ou ſix pieds. Je
conſeille alors de couper chaque branche à ſix pouces environ au-deſſus du
fruit , & de l'attacher contre le mur de
maniére qu'il le puiſſe toucher. Les
branches ſtériles peuvent être négligées
juſqu'à la troiſiéme taille qui doit être
faite au milieu de l'été , quand on voudra mettre le tout en état. Depuis ce
moment , on dépouillera la vigne de
cette multitude de branches qu'elle a
coutume de jetter , & on les raccourcira

convenablement , pour faciliter aux rayons du Soleil les moyens de mùrir le raiſin , ſans trop cependant l'y expoſer, crainte de la pluye & du froid des nuits.

Malgré tant d'attentions laborieuſes & ſuivies , on a encore beaucoup de peine à avoir des raiſins mûrs dans certaines années & dans un terrain douteux. Pour corriger ces défauts , j'ai fait pluſieurs expériences , afin d'ac-célérer la maturité des raiſins , com-me de les mettre au mois de Juin dans une grande bouteille de verre, ou de jet-ter les branches ſur le toit de la mai-ſon , ou ſur un mur en talus. Mais au-cune de ces expériences n'a répondu à mon attente. Il eſt vrai que les raiſins mûriſſent plutôt dans la bouteille, mais ils ſe gâtent plus vîte , à cauſe du man-que de nouvel air , & ils contraɛtent un goût inſipide. Les murs inclinés , quoi-qu'ils reçoivent beaucoup plus de rayons du Soleil , expoſent auſſi beau-coup plus le fruit aux roſées & au fraî-cheurs de la nuit , dont les mauvaiſes influences nuiſent davantage , que les influences benignes du Soleil ne ſer-vent & ne peuvent ſervir : ce qui prouve

que le raifonnement feul, s'il n'eft étayé
de la pratique, retarde plus le progrès
des arts utiles qu'il ne les avance.

Les Pêchers, & furtout le Pavie.

Ces deux arbres demandent la même culture & les mêmes foins : aufli je
les mets enfemble. Si l'on obferve avec
attention les régles générales que j'ai
propofées ci-deffus, il ne fera pas néceffaire de rien ajouter fur la taille de
ces arbres, qui pouffent naturellement
une fi grande quantité de branches propres à porter du fruit après la deuxiéme
ou la troifiéme année, qu'on peut aifément en choifir les meilleures & les plus
apparentes. Si ces arbres fe preffent
trop à porter du fruit, ce qui eft un
figne de foibleffe, il faut les gouverner
en conféquence, & ôter la plus grande
partie des fleurs ou des fruits, en les taillant court. Cela eft très-facile à pratiquer. Mais lorfqu'un pêcher eft trop
vigoureux, car la nature livrée à elle-
mème excéde quelquefois, il faut de
l'habileté pour connoître quelles branches on doit conferver & quelles branches on doit retrancher. En général,

tout le gros bois dont l'arbre peut fe
paffer , demande à être coupé : ce
qui fera renouvellé chaque année, jufqu'à ce qu'on ait fuffifamment de petites branches pour garnir la muraille ,
c'eft-à-dire au bout de deux ou trois
ans. Il eft aifé de connoître par leurs
boutons pleins & renflés , celles qui doivent porter fruits : & on ne les laiffera
pas plus longues de cinq ou fix pouces.
Je remarquerai en paffant qu'il faut couper tout le bois mort & les branches
jaunes qui ne tirent plus de féve : & pour
le faire avec fûreté , je confeille d'attendre que les grands froids foient paffés :
on taillera alors les pêchers avec un
couteau bien tranchant , de peur qu'on
ne laiffe de l'arriére des filets de l'écorce. Après qu'on aura ainfi nettoyé &
formé l'arbre , on n'aura plus rien à y
faire jufques-au milieu de l'été , à l'exception qu'on éclaircira les fruits , quand
il y en aura plus de trois à la 'fois fur la
même branche. Lorfque le tems fera
arrivé , on doit raccourcir avec prudence les nouvelles pouffes , & les attacher
au mur. A l'égard des fruits , on aura
attention de les laiffer expofés au Soleil,

dès qu'ils feront heureufement parve-
nus à leur groffeur : ce qui leur donne-
ra cette belle couleur qui leur eft propre, & hâtera leur maturité parfaite.

Tout cela fuppofé, je ne crois pas
néceffaire de rien ajouter au fujet de
l'abricotier, cet arbre demandant la
même culture que le pêcher. Je dirai
cependant qu'il n'y a aucun danger
qu'il porte trop-tôt, & prefque à l'entrée du printems. Mais comme il eft
difpofé à fe jetter en bois, on doit particuliérement l'en défendre.

Le Poirier.

Il n'y a point d'arbre plus rebelle aux
régles générales propofées ci-deffus que
le poirier, qui dans les terrains riches
& fertiles ne fe gouverne qu'avec peine,
& fe jette d'abord en bois & en branches. Cet arbre a d'ordinaire trop de
vigueur pour être mis en efpaliers : mais
comme à l'aide des murs, plufieurs efpéces de poiriers produifent d'excellens fruits, on doit chercher les moyens
les plus courts d'en tirer un bon parti.
Pour cela, j'ai foin de plier les bran-

ches les plus vigoureuses & de les fendre environ à la moitié de leur épaisseur, en commençant au corps de l'arbre. Cette méthode arrête en effet sa vigueur, & le rend plus propre à pousser des branches foibles & à former des bourgeons destinés à porter du fruit : ce qui me paroît d'un usage singulier. Mais il est à propos d'observer que cela ne se peut pratiquer que sur les poiriers & les pruniers : l'essai en seroit trop à craindre sur les pêchers & les abricotiers, parce qu'ils jetteroient de la gomme dans les endroits coupés : ce qui seroit dangereux & pourroit faire mourir la branche entiére.

Plusieurs personnes recommandent de greffer le poirier sur le coignassier, pour diminuer sa trop grande vigueur, & lui faire porter du fruit promtement. Mais ces arbres ne sont pas de longue durée, & ne portent pas de si beau fruit que ceux qui sont greffés sur le poirier même : j'en ai souvent fait l'expérience.

On distinguera les bourgeons qui doivent porter du fruit, aussitôt que les feuilles du poirier seront tombées, ces bourgeons étant beaucoup plus pleins & plus renflés que les autres. On les remarquera curieusement afin de les conserver , lorsqu'on taillera l'arbre. Tout le faux-bois , ou comme disent les Anglois, water-shorts, doit être retranché. Il faut aussi rafraîchir l'extrémité de la taille de l'année précédente. Enfin, on gouvernera le poirier , comme on fait le pêcher pendant l'été.

Le Figuier.

Le fruit de cet arbre est très-estimé ; surtout par ceux qui sont doués, comme dit Petrone, d'un goût sçavant. Mais sa culture est peu connue. J'ai donné jusqu'ici des moyens pour tailler toute sorte d'arbre : à l'égard du figuier, je recommande de ne point le tailler du tout. C'est à l'usage contraire que j'attribue la cause de sa stérilité , si remarquable dans quantité de jardins. Il n'y a point d'arbre qui fournisse une récolte si abondante & si assurée que le figuier, pourvû qu'on le gouverne comme il faut , ou pour mieux dire, pourvû qu'on en éloigne le couteau,

Quand je dis qu'il ne faut point tailler cet arbre, j'entens seulement qu'il ne faut point raccourcir ses branches tendres, comme celles des autres arbres. Le figuier produit son fruit principalement aux extrêmités des pousses de l'année précédente, & d'ordinaire aux trois derniers yeux : c'est pourquoi si l'on en ôte une partie, c'est autant de fruits qu'on détruit. On peut cependant retrancher le gros bois entiérement, pour *éviter la confusion*, & couper quelques-unes des pousses foibles tout auprès de ce gros bois. Les petites branches ne servent qu'à épuiser la séve. Mais tout ce travail ne mérite d'être entrepris que vers la fin du mois de Mars, crainte des gelées & des pluyes froides. Je suis d'avis qu'on attache les meilleures & les plus grosses branches immédiatement contre le mur, dans le mois de Novembre, afin qu'elles soient mieux à l'abri des froids excessifs pendant l'hyver. On n'oubliera point de débarrasser le figuier des rejettons qu'il est très-disposé à pousser en abondance : sans quoi tout seroit inondé de ces rejettons, qui s'étendroient de côté & d'autre à pure perte.

Les cerifiers & les pruniers exigent peu d'art, pour leur faire porter du fruit en efpalier, & cela dans prefque toute forte de terrain. Je remarquerai feulement avant que de finir ce Chapitre, que le *bon-chrétien*, foit d'été, foit d'hyver, demande beaucoup plus de place qu'aucun autre arbre, & qu'il faut lui donner de la largeur & de la hauteur : car fi on le refferre en le taillant court, il deviendra noueux & plein de bois fans fruit. J'ai vû dans le jardin de *M. Wickaft*, à préfent Doyen de Winchefter, un bon-chrétien d'été chargé d'une grande abondance de fruits, & dont la hauteur étoit entre vingt & trente pieds. J'ai auffi mangé d'excellentes figues d'un arbre qui eft le même que celui dont le Roi Jacques I. mangea du fruit il y a près de cent ans : comme il paroît par une infcription mife fur le mur.

CHAPITRE.

CHAPITRE SIXIEME.

De la maniére de greffer & d'enter.

CE s deux opérations du jardinage offrent un agréable amusement philosophique à un amateur des curiosités que l'art & la nature peuvent fournir. Il est vrai qu'elles ont été traitées par d'autres assez heureusement. Mais comme elles font une partie considérable du jardinage pendant deux différentes saisons de l'année, j'expliquerai ici quelle est la meilleure méthode de chacune de ces opérations, afin que rien ne manque à ce petit Traité.

Il y a plusieurs maniéres de greffer, mais je ne parlerai que des deux que je crois les plus propres aux différentes espéces d'arbres. La premiére est la maniére commune d'enter *en fente*, qu'on pratique sur le poirier, le cerisier, le prunier, principalement s'ils font d'une certaine grosseur. On choisit d'abord une place unie dans le sujet qu'on veut greffer : on lui coupe la tête

Tome III. K

en talus , dont on égale enfuite le fom-
met horizontalement avec le couteau ,
& on fait une fente au milieu. Ayant
préparé fans perte de tems un fcion
d'arbre pris d'une pouffe vigoureufe
de l'année précédente , on l'infére
dans la fente qu'on a faite , de forte
qu'il puiffe s'y unir intimement. On
reléve après l'écorce de l'un & de l'autre côté , qu'on preffe doucement avec
les doigts , & on enduit tout l'ouvrage
achevé d'une épaiffe couche de glaize
ou d'argille mêlée avec du foin coupé
court , en prenant garde de déranger le
fcion ou le jeune jet auquel il ne faut
pas laiffer plus de trois ou quatre yeux
au-deffus du fujet greffé. L'autre maniére eft de beaucoup préférable à celle-
ci : mais ordinairement elle ne peut fe
pratiquer que fur les pommiers & les
houx, l'écorce des autres arbres ne fe
féparant pas comme il faut. Cette maniére confifte à couper la tête du fujet
en talus : & au lieu de la fendre , il faut
feulement fendre l'écorce environ de la
longueur d'un pouce fur le derriére de
la coupe. Ayez enfuite un fcion préparé
dont un bout foit en talus applati , &

l'autre en pointe fine : & en prenant toutes les précautions nécessaires pour empêcher que cette pointe ne s'émousse & ne se gâte, on mettra le scion à sa place, & on l'y enfoncera adroitement. Après quoi on enduira de terre glaize, comme on a dit auparavant, tout l'endroit sur lequel on a opéré.

Je trouve que cette maniére ne manque presque jamais pour les pommiers & les houx. Je la préfére aussi, parce qu'elle ne fait pas au sujet une si grande blessure que lorsqu'on lui fend la tête : ce qui lui devient quelquefois fatal, & lui cause la mort.

Quoique ces deux moyens puissent servir heureusement pour multiplier différentes espéces d'arbres, cependant j'estime davantage & je recommande le troisiéme moyen qu'on appelle *inoculation*, ou ente en écusson, que je vais décrire. Coupez une vigoureuse pousse de l'arbre qu'on veut enter, un mois avant ou après le milieu de l'été. Choisissant ensuite une place unie dans un sujet de bon aloi & d'environ trois ou quatre ans, on y fera une fente dans l'écorce de la longueur d'un peu plus

d'un pouce en croix, pour en faciliter
l'ouverture. On détachera alors avec un
canif tout doucement l'écorce d'avec
le bois des deux côtés, en commençant au bas : ce qui étant fait, on pré-
parera le bouton tiré, comme je l'ai
dit d'une pousse vigoureuse, & on le
coupera avec un canif bien aceré, &
en entrant assez profondément dans le
bois, autant au-dessus qu'au-dessous du
bouton, de maniére que la partie re-
tranchée soit de la longueur de la fente
qu'on a faite au sujet à greffer. Après
avoir ainsi ôté le bouton, on en ôtera
toute la partie ligneuse avec la pointe
du même canif, & on le mettra entre
l'écorce & le bois dans la fente en croix
qu'on aura ouverte, en le conduisant
en haut par la tige où viennent les feuilles jusqu'à ce qu'il y soit bien joint. Cela
fini, on liera le tout d'une bande de
laine, afin que les parties se réunissent
plus vîte, & que le bouton s'incorpore
avec le sujet : ce qui se fera dans l'espace de trois semaines. On pourra ensuite ôter la bande, de peur qu'elle n'in-
commode l'arbre, comme il y auroit
lieu de l'appréhender dans un sujet

trop vigoureux. Cette opération ne doit
être entreprife que vers le foir, & lorfque le Soleil fera caché : & plutôt elle
fera faite, mieux elle réuffira. Car quoiqu'il m'ait fallu un affez long difcours,
pour en faire defcription, je dirai cependant qu'avec un peu de pratique, &
quand cette opération fera devenue fa-
miliére, on en fera trente dans une heure, fans en manquer une feule.

Les pêchers & les abricotiers ne doivent pas être élevés d'autre maniére que
par *inoculation*. A l'égard des poiriers,
des cerifiers, des houx & des pruniers,
on peut les élever en les greffant. Mais
je préfére toujours l'*inoculation*, comme la maniére la plus fûre, & comme
celle qui mérite le plus d'être fuivie.

Cependant fi l'on eft obligé d'opérer
fur de gros fujets, on doit fe contenter
de les greffer en fente, parce que quand
l'écorce eft devenue épaiffe, elle ne fe
détache pas aifément & ne ferre pas
auffibien le bouton. Mais fi la greffe en
fente venoit à manquer (comme il arrive fort aifément dans de gros fujets,
fi l'on n'a pas le foin de laiffer une forte
branche pour conduire en haut la féve

qui fans cela étoufferoit le fcion) les jeunes pouffes qui fe formeront aux environs de la place où l'on aura greffé, feront propres à être greffées elles-mêmes en écuffon, quelquefois dans l'année courante ou la fuivante au plus tard.

Les cerifiers, les pruniers & les poiriers, principalement ces derniers, ne manqueront prefque jamais à bourgeonner fi les fujets font le moins du monde vigoureux. Il y a un avantage de plus à greffer en écuffon à l'égard des pruniers : c'eft qu'on peut les greffer en fûreté fur un prunier-damas ou fur un prunier fauvage : ce qui ne réuffiroit jamais, fi on les greffoit en fente. Mais on doit toujours avoir attention à cette régle générale, non feulement pour cette forte d'arbres, mais encore pour toutes les autres, c'eft qu'il eft inutile de fe promettre un heureux fuccès, fi la féve ne circule pas bien, je veux dire fi l'écorce ne fe détache aifément du bois par le moyen du canif.

Il n'y a point d'arbre fi opiniâtre, & qui foit plus propre à tromper celui qui le cultive, que le pommier, fon

Écorce étant trop adhérente au bois. Je l'ai cependant manié avec prudence, & j'y ai réuſſi, en me ſervant de pouſſes vigoureuſes qui s'étoient formées proche l'endroit où la greffe en fente avoit manqué.

On peut écuſſonner la plupart des arbres, entre le commencement de Juin & la fin d'Août. J'ai été quelquefois aſſez hardi pour greffer ainſi des poiriers au mois de Septembre. Mais je dois avertir que la branche ou le rejetton qui a fourni des boutons pour écuſſonner, ne doit pas reſter long-tems détaché de ſa tige, comme pour l'autre eſpéce de greffe, qu'il faut l'employer tout de ſuite.

Les différentes eſpéces d'orangers, de citroniers, de philarias, de jaſmins, doivent être multipliés par l'écuſſon. Et à ce ſujet, je ne puis m'empêcher de rapporter une obſervation que le jaſmin m'a fournie pour établir la circulation de la ſéve dans les plantes avec la même certitude que la circulation du ſang eſt établie dans le corps humain : ce que pluſieurs Philoſophes ont nié ſans dé-

tour. Voici mon obfervation, à laquelle
je ne crois pas qu'on puiffe répliquer.

Je fuppofe un jafmin ordinaire, qui
fe partage en deux ou trois branches,
lefquelles partent d'un tronc commun
proche la racine. Il faut écuffonner dans
le mois d'Août fur une de ces branches,
un bouton pris fur un jafmin rayé de
jaune. Ce bouton y féjournera tout
l'hyver ; & dans l'été, quand l'arbre
commencera à pouffer, ou trouvera
quelques branches teintes de jaune,
outre celle qui avoit été greffée : & cela
par degrés, jufqu'à ce que non-feulement l'arbre entier, mais même le bois
des jeunes branches foit agréablement
rayé & coloré de jaune & de verd mêlés
enfemble. Il n'eft pas néceffaire de couper la branche écuffonnée au-deffus de
l'écuffon, afin de faire pouffer le bouton. Car il produira toujours le même
effet, & teindra infenfiblement toute
la féve de l'arbre : & quoique ce bouton ne pouffe pas lui-même, il com-
muniquera pourtant aux branches les
plus éloignées fa couleur. J'ai même
éprouvé plufieurs fois que, fi le bou-

ton vit seulement deux ou trois mois,
& qu'ensuite par quelque accident il
vienne à mourir, il n'aura pas moins
agi sur tout le corps de l'arbre qui sera
entiérement rayé. Cette découverte
prouve, ce me semble, la circulation
de la séve.

Je laisse aux Philosophes & aux Amateurs des merveilles de la végétation,
le plaisir d'apprécier cette observation
& de voir quel usage on peut en tirer.
Pour moi, je remarquerai en finissant
ce Chapitre, que quand on trouve au
printems ou lorsque l'arbre commence
à pousser, que l'écusson a pris & qu'il a
une apparence fraîche & vigoureuse,
on ne doit pas manquer de couper la
tête du sujet en biais, un pouce environ au-dessus du bouton, le biais tourné du côté où est l'écusson. Il n'est pas
non plus hors de propos d'ajouter que,
lorsqu'on met sur un même sujet plus
d'un écusson, il ne faut pas les placer
précisément l'un au-dessus de l'autre,
mais un peu à côté.

CHAPITR SEPTIEME.

Ecclairciſſemens ſur les Chapitres précédens, & nouvelles vûes ſur le Jardinage.

SANS entrer dans un trop grand détail de Phyſique, je dirai qu'on doit avoir beaucoup d'égards à la diverſité des terrains, leſquelles contribuent plus qu'on ne croit ordinairement, à faire mûrir & à perfectionner les fruits. Car je ne doute pas qu'un bon terrain, c'eſt-à-dire, riche, profond, mêlé de ſable, quoiqu'il ſoit au cinquante-quatriéme degré de latitude, ne hâte davantage la maturité des fruits qu'un mauvais terroir, comme une glaize dure & froide dans le cinquante-uniéme.

Ainſi un mur expoſé au Nord-Oueſt dans un jardin fertile ſera auſſi propre pour des poires de beurrée ou pour la vigne, qu'un mur tourné au Sud-Oueſt dans un jardin ſtérile, quoique l'un & l'autre mur ſoit au même degré de latitude. Ceux qui ne fe connoiffent pas en jardinage, croient qu'un pêcher, un abricotier, une vigne doivent être placés contre les murs les mieux expofés, mais que pour les figuiers & les poiriers, quoique de la meilleure efpéce, il fuffit de les mettre fans ordre dans quelque coin, ou contre des murs tournés au Nord-Eft ou au Nord-Oueft. Mon avis eft cependant que plufieurs de ces efpéces méritent des places diftinguées dans les jardins, principalement dans ceux qui font fur une glaize humide, & qu'on peut améliorer & rendre affez propres à la culture des poiriers, figuiers & pruniers, en fuivant les confeils que j'ai donnés dans le premier Chapitre. Au refte, je dois avertir les perfonnes qui ont le malheur d'avoir un terrain froid, de ne pas trop s'opiniâtrer contre la nature, en tâchant de fe procurer les plus excellens fruits & les plus recherchés: furtout fi leur jardin eft ouvert & battu par des vents froids. Leur attente feroit toujours trompée, au lieu que s'ils veulent mettre des arbres qui conviennent à ce jardin, ils auront quelques fruits de choix. Car je fuis

K vj

de l'avis du Chevalier Temple, ce fameux Négociateur & cet illuftre Jardinier, qui difoit qu'une bonne prune valoit mieux qu'une mauvaife pêche.

Pour ce qui eft des diverfes fortes d'arbres fruitiers, on ne doit pas s'attendre que j'en donne ici aucun catalogue. Cela dépend & des lieux & des tems & du goût des perfonnes qui préférent certains fruits à d'autres. C'eft pourquoi je ne dirai rien de plus, crainte d'embarraffer un Curieux, un Amateur de jardinage par un trop grand nombre & une variété inutile d'efpéces de fruits, lorfqu'il n'a de la place que pour quelques arbres choifis entre les meilleurs. Si pourtant on a du terrain fuffifamment, & qu'on veuille enrichir fon jardin, on peut avoir recours à M. de la Quintinie, ou aux abrégés qu'on a faits de fon Livre, la curiofité fera pleinement fatisfaite.

Il eft néceffaire que j'ajoute ici que le tems de recueillir les fruits eft différent fuivant les années : & quoique j'en aie fixé la faifon en général, on ne doit point s'étonner fi dans de mauvaifes années, les fruits & particuiérement ceux d'hyver ne parviennent à leur maturité qu'un mois ou deux plus tard : & quand il arrive qu'ils y parviennent , ils ne font jamais fi colorés , & n'ont pas leur véritable goût.

Remarque I.

J'ai confeillé de choifir par préférence les murs expofés au midi. Si cependant ils déclinoient de quelques degrès à l'Eft ou à l'Oueft, ils feront également bons, pourvû que la déclinaifon n'aille pas au-delà de quinze. Dans un tel cas ces murs auront la même température & feront prefque auffi long-tems échauffés du Soleil. Mais quand j'ai dit qu'un mur tourné à l'Eft ou à l'Oueft fera propre pour un abricotier , cela doit s'entendre qu'il n'ait aucune déclinaifon vers le Nord : autrement on feroit trompé dans fon attente. Si ce mur a quelque déclinaifon , il faut qu'elle foit du côté du midi.

Remarque II.

Un afpect à l'Eft eft préférable pour

toutes fortes de fruits, à un afpect à
l'Ouest, non qu'il ait plus d'heures de
Soleil, mais parce que les rayons du
Soleil levant enlévent les rofées froides
qui tombent fur le fruit pendant la nuit.
Ces goutes de rofée reftent plus long-
tems fur les arbres tournés à l'Ouest,
& par conféquent le fruit est plus expofé à être gâté.

Je fuis d'ailleurs perfuadé qu'il y a
dans les rayons du Soleil au matin une
vertu, une qualité particuliére, qui hâte
& favorife les progrès de la végétation.

Remarque III.

Je n'ai rien dit fur le gouvernement
& la culture des fraifes, des framboifes
& des grofeilles, parce qu'il ne faut
pas y employer beaucoup d'adreffe.
On doit obferver feulement la régle
fuivante, c'est qu'un terrain qui a fervi
pendant trois ou quatre ans à élever
des fraifes & des framboifes, ne peut
plus fervir au même ufage que trois ou
quatre ans après : & pendant cet intervalle on y pourra femer des légumes
qui viendront parfaitement bien.

Remarque IV.

Il seroit fort mal, & même dangereux, de laisser croître du romarin trop
proche des arbres fruitiers, surtout s'ils
sont jeunes. Car il ne manqueroit pas
de leur enlever une partie de leur nourriture propre, en sorte qu'ils en se-
roient infailliblement affoiblis, pour
ne pas dire en danger de périr.

Remarque V.

Lorsqu'on veut regarnir un jardin,
dont les principaux arbres sont ou
morts ou sur le retour, une longue
expérience m'a appris deux choses :
la première, de remettre des fruits à
pepins où il y en avoit à noyaux, & la
seconde de remettre des fruits à noyaux
où il y en avoit à pepins. Cette méthode
m'a toujours réussi, la terre aimant à
changer d'objets & à travailler tantôt
sur l'un, tantôt sur l'autre.

CONCLUSION.

Je viens de donner un détail abrégé

des principales connoiſſances, qui regardent l'art du jardinage, & je crois l'avoir donné d'une façon claire & diſtincte, en évitant toute dépenſe ſuperflue. Mon étude favorite a toujours été de faire aimer une occupation auſſi utile & agréable, que la culture des fruits, & il me ſemble que cette occupation convient à ceux que leur état ou leur fortune obligent de vivre à la campagne.

On me blâmera peut-être ici de n'avoir point parlé des différentes maladies, auxquelles les arbres ſont ſujets. Mais à moins qu'on n'ajoute en même tems les remédes convenables, il eſt fort inutile de traiter de ces maladies. Mes obſervations m'ont appris qu'elles étoient pour la plupart incurables. C'eſt pourquoi j'ai toujours fouillé dans ma pepiniére, pour mettre un arbre ſain à la place d'un arbre malade.

La gomme & certaines eſpéces de chenilles ſont abſolument dangereuſes. Ces chenilles ſe multiplient à l'infini, & ſe ſuccédent d'année en année les unes aux autres. Les ſols ſecs & froids paroiſſent fort ſujets à les faire éclorre.

Il faut donc chercher de bonne heure à les détruire, & les attaquer dès leur naiſſance. Il faut encore enlever avec ſoin la mouſſe avec le dos d'un couteau, ou d'un morceau d'étoffe de crin, après la pluye.

Les allées, ſoit vertes, ſoit ſablées, contribuent ſi fort à la beauté d'un jardin, que je ne puis m'empêcher d'ajouter ici une méthode courte & expéditive, pour détruire les vers qui y font tant de ravages.

Sur la fin de l'automne, rempliſſez d'eau une citerne ou quelque grande auge. Après quoi on y jettera un demi-tombereau de feuilles de noyer, qu'on laiſſera tremper pendant quinze jours au moins. L'eau contractera par ce moyen une ſi grande amertume, que ſi l'on en arroſe de tems en tems les endroits qui ſont incommodés de ces vers, on les en verra ſortir avec précipitation & les uns ſur les autres : ce qui mettra un Jardinier en état de les faire mourir. On peut à la vérité prendre ces vers à la chandelle dans les nuits d'été, après une grande pluye; mais la maniére que je propoſe de les

exterminer, peut être mife en exécution en quelque tems & quelque lieu
que ce foit. Elle coûtera d'ailleurs peu
de foin & de dépenfes. Il faut feulement plonger dans l'auge ou dans la
citerne une grande quantité de feuilles
de noyer, afin que l'eau foit fort amé-
re, & qu'elle produife fon effet.

Il eft à propos d'avoir quelque grand
refervoir ou quelque timbre de pierre,
non-feulement pour l'ufage précédent,
mais encore pour y conferver de l'eau
de pluye qui puiffe fervir à rafraîchir
les fruits & les jeunes arbres dans les
féchereffes des mois d'Avril & de Juin :
& par cette raifon, on doit faire ce refervoir dans quelque endroit bas de la
maifon, où l'on puiffe faire defcendre
l'eau de pluie, & ce qui fera encore
d'une grande utilité pour d'autres be-
foins, où cette eau convient mieux que
toute autre. Mais il eft difficile en quelques Provinces de fe procurer des timbres de pierre capables de fupporter
les fortes gelées de l'hyver. Tous ces
timbres fe fendent alors, & laiffent
perdre l'eau. Pour l'empêcher, voici
de quelle maniére je m'y fuis pris. J'a-

vois acheté un timbre de pierre, que
je remplis d'eau de pluye pour y saler
des viandes. Quand je jugeai qu'il étoit
affez pénétré de la faumure, je l'expo-
fai au grand air : & ce timbre a déja
paffé fix hyvers, fans aucun inconvénient.

Je n'ai point parlé des pommiers,
parce qu'ils font ordinairement à plein
vent, & qu'il ne faut que peu d'art
pour leur culture. Si ce font des arbres
nains, on doit les gouverner comme
les poiriers. Pour les meilleures efpéces, ce feroit un détail ennuyeux d'en
vouloir ici faire mention. D'ailleurs,
chaque pays a des efpéces de pommiers qui lui font propres, & qui ne
réuffiroient point dans un autre. On
ne peut fur cela donner aucune régle.
Chacun doit fuivre l'ufage, ou fe con-
former à fon goût.

LETTRE CRITIQUE

SUR

L'HISTOIRE NAVALE

D'ANGLETERRE.

IL y a quinze ou seize ans, Monsieur, que parut à Londres un Ouvrage intitulé : *The Naval History of England , in all its branches , from the Norman Conquest in the year 1066. to the conclusion 1734.* Dès que j'eus connoissance de cette Histoire par les Journaux Littéraires, je la fis venir de Londres, & je la lus avec attention. Mais quelle fut ma surprise, Monsieur, quand au lieu d'une Histoire sensée, juste, fidelle & approfondie, je ne trouvai qu'une Histoire pleine de déguisement, d'ignorance & de partialité, une Histoire , pour tout dire, aussi inju-

rieufe à la Marine de France que favorable à la Marine d'Angleterre !
Mon premier mouvement fut d'abandonner cette Hiſtoire à ſon obſcuri-
té ; car à peine étoit-elle connue en
France : & j'appris un an après qu'elle
n'étoit guéres eſtimée ni recherchée en
Angleterre même.

Je réſolus ſeulement de remarquer
en peu de mots ce que j'en penſois ,
dans la Préface d'un Ouvrage auquel
je travaillois alors à Breſt, & que j'ai depuis achevé à Paris. C'eſt *l'Hiſtoire de
la Marine de France, depuis le commencement de la Monarchie juſqu'à la Paix
conclue à Aix-la-Chapelle.* Ainſi, Monſieur, j'eſpére que le loiſir ſtudieux dont
je joüis maintenant, ſera auſſi utile à la
Marine, que lui ont été mes ſervices
rendus dans différens Ports de Mer. Je
ne vous parle point de récompenſe. Eh !
ne ſuffit-il point à un honnête homme d'avoir bien mérité de ſa Patrie?
Quel prix plus honorable peut-il attendre de ſes peines, & de ſes travaux?
Benefacti, benefeciſſe præmium eſt.

On s'apperçoit ſans peine que, lorſque les Anglois parlent de leur Marine ,

ils la vantent jufqu'à l'excès, & que
pour la relever davantage, ils rabbaif-
fent celle des autres Nations. C'eft,
je l'avoue, leur ufage ordinaire : c'eft
l'effet d'un amour propre très - vif. Mais
un Hiftorien qui aime la vérité, doit examiner fcrupuleufement les faits, remonter jufqu'aux fources, & rendre à ceux
dont il parle, une exacte juftice. Si le
préjugé national s'y oppofe, c'eft à l'Hiftorien de fe mettre audeffus de ce préjugé, & en gardant les bienféances prefcri-
tes par le Droit des Gens, de ne cho-
quer ni fes Compatriotes ni les Etrangers, les uns & les autres jaloux de leurs
travaux militaires & promts à fe venger
quand on les bleffe trop ouvertement.

Le Sieur Lediard Auteur de l'Hiftoire Navale d'Angleterre, n'a point connu apparemment ces principes, puif-
que fon Hiftoire a deux défauts effentiels. Le premier eft une négligence
impardonnable à s'informer des faits &
à les rapporter tels qu'ils fe font paffés :
le fecond eft une partialité outrée, &
qui va fouvent au de-là des bornés. Car
le faux s'y remarque à découvert, &
fans aucun voile. En voici, Monfieur,

quelques exemples, que vous verrez
avec d'autant plus de plaifir que vous
connoiffez les principaux détails de la
Marine, & que vous les avez férieufement étudiés. A l'égard du Sieur Lediard, on voit fans peine qu'il n'en a
aucune teinture, & qu'il copie brufquement des Mémoires qu'il n'a même lus
qu'en courant.

Vous fçavez cependant, Monfieur,
qu'on ne peut bien parler de la Marine fans l'avoir long-temps obfervée &
fuivie jufques dans fes moindres détails,
fans s'être auparavant informé de ce qui
fe paffe dans les Ports & de la maniére
dont on combat fur Mer, & des fuites
heureufes ou malheureufes qu'ont eu
les divers armemens faits par les Nations
Maritimes de l'Europe. Mais je crois
avoir fuffifament traité de ce qui regarde cette matiere, en d'autres (1) Ouvrages que le Public indulgent a paru
approuver.

Des deux défauts où eft tombé l'Au-

____

(1) Voyez l'*Effai fur la Marine & le Commerce*, & l'*Effai fur la Marine des Anciens,
& particuliérement fur leurs vaiffeaux de
guerre*.

teur de l'Histoire Navale d'Angleterre, le premier est d'un ridicule achevé. Cet Auteur rapporte l'ordre de bataille de la flotte, que commandoit feu M. le Comte de Toulouse en 1704. & décrit le combat qui fut donné le 24. Août à onze lieuës Nord & Sud de Malaga. Mais au lieu d'avoir fait de justes recherches à ce sujet, il estropie tous les noms des Officiers François. Il appelle de Rherbief M. des Herbiers, qui commandoit l'Arrogant; Saint Maur M. de Sainte Maure, qui commandoit le Content; la Mothure M. le Motheux, qui commandoit la Perle; Dumont M. de Mons, qui commandoit le Gaillard; enfin, de la Lucerne, de Capeville, d'Oroyne, Roverois, d'Aliegre, Mrs. de la Luzerne, de Seppeville, d'Orogne, de Rouvroy, d'Aligre, &c. Tout cela marque une négligence inexcusable; car rien n'étoit plus facile à un Historien un peu délicat sur sa réputation, que d'avoir des listes exactes de ceux qui commandoient nos vaisseaux au combat de Malaga. Mais le Sieur Lediard écrivoit sans aucune attention, & seulement pour écrire.

Tome III.   **L**

De la même maniére, quand il parle
du combat donné en 1692. entre le
Cap de la Hogue & la pointe de Bar-
fleur, où M. de Tourville se signala
de la maniére la plus glorieuse en at-
taquant, dit-il, avec 63 vaisseaux de
ligne la Flotte combinée des Anglois
& des Hollandois qui étoit de 99. Il se
trompe sur toutes les circonstances de
ce combat, ne sçachant ni le nombre
des canons ni le nombre des équipages
de nos vaisseaux. D'ailleurs, la Flotte
que commandoit M. de Tourville n'é-
toit point de 63 navires, mais seulement de 48, & par conséquent elle
étoit plus foible de la moitié que la flotte
ennemie.

Je ne parle point de la Lettre que
l'Auteur de l'Histoire Navale d'Angleterre attribue à Jacques II. Elle est visi-
blement fausse, & ne peut convenir, ni
à ce Roi qui quoique détrôné sçavoit se
respecter lui-même, ni à Louis XIV.
trop avantageusement connu par ses
grands sentimens pour souffrir qu'on
lui ecrivît de pareilles Lettres. Il n'y a
donc que de la malignité dans le Sieur
Lediard, qui fait parler indécemment

un Roi malheureux , lequel devoit de ſes malheurs mêmes tirer une force nouvelle.

De ces deux actions générales , je viens à une action particuliere : c'eſt celle où le brave du Gué-Troüin , un de ces hommes intrépides que la Fortune ne ſe laſſe jamais de favoriſer ; où M. du Gué-Troüin , dis-je , s'empara du Cumberland , du Cheſter & du Rubis , après un long combat & une défenſe opiniâtre. Mais ces faits ſi glorieux ſont déguiſés par l'Hiſtorien Anglois , qui en ſupprime le détail , & paſſe avec affectation des Mémoires de M. du Gué-Troüin à ceux de M. le Comte de Forbin , comme pour montrer que ces deux Officiers ſe contrediſent. Pour moi , j'obſerverai naïvement que c'eſt au premier qu'il faut s'en rapporter. Son témoignage eſt le plus ſûr (1).

L'Hiſtorien Anglois ſe trompe enco-

____

(1) Je ne parle point des navires marchands , qui furent pris , au nombre de vingt-cinq , & qui étoient chargés de divers munitions de guerre. Mais M. le Comte de Forbin n'y eut aucune part , quoiqu'il s'en donna la gloire dans ſes Mémoires.

L ij

re, quand il donne au Sieur de la Moinerie Miniac parent de M. du Gué-Troüin, le nom de la Moinerie Marac, & à M. de Beauharnois qui a été ensuite Gouverneur de la Nouvelle France, le nom de Beauhernois ou de Bearnois. Ce sont là des fautes dont se seroit facilement garanti tout Auteur un peu versé dans la Marine.

La même (1) année, où M. du Gué-Troüin prit les vaisseaux Anglois le Cumberland, le Chester & le Rubis, arriva le fameux naufrage de l'Amiral Cloudesly Shovel. Il revenoit du Siége de Toulon, & il étoit fort consterné d'avoir été obligé de le lever honteusement. Aprés avoir touché à Gilbraltar & y avoir laissé une partie de sa Flotte, il prit avec le reste le parti de retourner en Angleterre; mais ce voyage fut extrêmement malheureux. Car le 22. Oc-

(1) Si je rapporte ici le naufrage arrivé le 2 Novembre 1707. où périt l'Amiral Shovel avec un grand nombre d'Officiers, de Gentilshommes & de Volontaires, ce n'est que pour marquer combien il faut sur Mer prendre de précautions & de mesures, & combien on risque en se livrant avec trop de confiance & d'indiscrétion.

tobre l'Amiral Shovel ayant resté à l'ancre toute la journée, eut l'imprudence
de mettre à la voile sur les six heures du
soir, dans la pensée qu'il étoit encore
loin de l'Isle de Scilly & qu'il pouvoit
sans risque courir toute la nuit. Une si
grande confiance lui fut fatale. Bientôt
il apperçut les feux de Scilly, & les cou-
rans l'entraînérent sur les rochers qui
bordent cette Isle dangereuse. Il ne
put les éviter, & son vaisseau périt *corps
& biens.* Plusieurs autres eurent la même destinée : ce qui ne seroit point
arrivé, si l'Amiral Shovel avoit passé
la nuit à l'ancre, comme il avoit fait
le jour précédent. Je ne fais cette remarque que d'après l'Historien Anglois.

Le second défaut où il tombe, c'est
de diminuer autant qu'il peut les avantages des François, pour rehausser
ceux de sa Nation, comme à Malaga
& à la Hogue. J'avoue que toute la
faute que firent les François au premier combat, fut de ne point donner
le lendemain qui étoit le 25 Août.
Car s'ils l'avoient fait, ils auroient
ruiné la Flotte des Alliés, les Anglois

ayant donné ordre à vingt-cinq de leurs vaiſſeaux de ſe brûler, leſquels manquoient de vivres, d'hommes & de munitions de guerre. J'avoue encore que feu M. le Comte de Toulouſe plein de valeur & animé à la gloire de ſa Patrie, avoit réſolu de recommencer le combat qui l'auroit couvert de gloire : mais de mauvais conſeils l'en empêchérent, & il crût ſuivre le parti le plus ſûr, en ſuivant le parti le moins généreux (1).

J'ajoûterai ici, Monſieur, ce que j'ai entendu dire à pluſieurs Officiers Anglois, c'eſt que les Alliés tâcherent

____

(1) On peut voir là-deſſus ce que dit le judicieux Auteur de l'Abrégé Chronologique de l'Hiſtoire de France. Voici ſes paroles : Le combat de Malaga eût été auſſi utile à l'Eſpagne, qu'il avoit été glorieux pour M. le Comte de Touloufe, ſi on avoit attaqué le lendemain les Ennemis, comme il le vouloit. C'étoit auſſi l'avis de M. de Relingue, qui étant bleſſé à mort conſeilla un nouveau combat. Mais on ignoroit le mauvais état de la Flotte des Ennemis : & la perte que nous avions faite d'enviꭤon 1500 hommes, détermina par l'avis de M d'O, à ne point engager une ſeconde action.

d'engager le combat le 24 Août, craignant le lendemain qui étoit la Fête de Saint Louis, & où, suivant l'ancienne pensée de toutes les Nations de l'Europe, ils s'imaginoient qu'il ne pouvoit rien arriver que d'heureux aux François. Ce fait m'a été depuis confirmé par feu M. de Gencien, mort Chef d'Escadre de la Marine, & qui l'a entendu dire au Lord Cavendish à Gibraltar, lorsqu'il y relâcha en menant de Brest à Toulon deux vaisseaux qu'il commandoit, & qui étoient le Lys & le Triton.

Pour ce qui est du combat donné à la Hogue, où les Anglois & les Hollandois étoient du double plus nombreux que les François, deux choses y contribuérent : premiérement, l'ordre donné par Louis XIV. à M. le Comte de Tourville, d'attaquer ses Ennemis forts ou foibles, par-tout où il les trouveroit ; secondement, les intelligences qu'on s'étoit ménagées avec plusieurs Capitaines Anglois attachés à Jacques II. lesquels devoient quitter la ligne au commencement du combat, & se joindre à la Flotte Françoise

pour la renforcer. Mais ces intelligences ayant été sçues en Angleterre, on
démonta tous les Capitaines soupçon-
nés & on en mit d'autres à leur place : ce qui priva les François du secours ausquels ils s'attendoient. Ils ne
laissérent pas cependant de combattre
avec toute la valeur imaginable : &
peut-être que malgré leur défaite, ils
acquirent plus de véritable gloire que
les Anglois victorieux.

M. de Tourville donna dans ce
combat tant de preuves de sa haute
intelligence, que le feu Roi l'honora
ensuite du baton de Maréchal de France.
Ce grand Prince sçavoit démêler la
supériorité des talens au milieu des
mauvais succès, & il récompensoit no-
blement le Général actif, plein de
vuës, de ressources, de bravoure & de
conduite, quoiqu'il n'eût pas réussi.

Tout cela supposé, Monsieur, je vous
avouërai sincerement que je ne conçois
point comment un François a pû tra-
duire l'Histoire Navale d'Angleterre,
sans y apporter les correctifs & les
adoucissemens nécessaires. C'étoit le

lieu de rendre dignement (1) à la Nation Françoise, ce que l'Historien Anglois a voulu lâchement lui dérober. Le Traducteur devoit de plus restituer les noms François, que l'Etranger avoit défigurés. Il ne devoit point appeller Illustrieux le vaisseau l'Illustre, ni donner le nom de Magnon à M. du Magnou mort Chef d'Escadre, ni le nom de Powlet à M. Patoulet mort Capitaine de vaisseau. Toutes ces erreurs, & j'ose dire, toutes ces bevuës étoient faciles à corriger : il n'y avoit qu'à s'adresser au Bureau du Dépôt de la Marine, ou à quelque Officier intelligent, qui auroit mis sur le champ tout en ordre. Le Traducteur manque encore à une chose essentielle, c'est de ne point distinguer le vieux stile du nouveau. Le Sieur Lediard compte suivant l'usage d'Angleterre, & dit que le combat de Malaga se donna le 13 Août 1704. Mais le Traducteur devoit remarquer

(1) Sidonius Apollinaire parlant des Gaulois, disoit : *est etiam illis cum discriminibus maris, non notitia solùm, sed familiaritas quadam.* On peut dire la même chose des François.

L v

que ce 13 Août étoit le 24 ſuivant
notre façon de compter. De la même
maniere le combat de la Hogue ſe
donna le 29 Mai 1692. nouveau ſtile,
& le 18 vieux ſtile. Il eſt aſſez étonnant qu'un Auteur ſenſé n'ait pas fait,
ou n'ait pas ſçu faire ces obſervations
qui étoient aſſez importantes pour la
ſuite de l'Hiſtoire de la Marine : ce
qui peut jetter, du moins ceux qui
ſont mal inſtruits dans des anachroniſ-
mes conſidérables.

Jugez par là, Monſieur, combien
il eſt néceſſaire d'avoir une Hiſtoire
Navale de France, qui ſoit écrite avec
goût, avec impartialité, avec un
amour éclairé pour la juſtice, qui
rappelle la mémoire des Grands Hommes qui ont fleuri autrefois dans la
Marine, & excite ceux qui y ſont
employés aujourd'hui à les imiter ;
qui ſervent enfin, à porter la gloire
du nom François, qui faſſe connoître
l'intelligence & la noble conduite de la
Nation, dans toutes les parties du monde où elle s'eſt déja ſi avantageuſement
répandue.

P. S. L'Auteur de l'Histoire Navale d'Angleterre ayant parlé de M. le Marréchal de Tourville avec peu de ménagement, je crois devoir ajoûter à ce que j'ai dit de ses vertus militaires, quelques traits qui, pour ainsi dire, développent toute son ame.

Il étoit homme d'un génie fort, solide, étendu, mais sans être ni vif ni brillant. Il faisoit volontiers sa cour aux (1) Dames, mais il ne s'en laissoit point maîtriser. Il étoit d'ailleurs généreux, poli, bienfaisant, désintéressé, & ce qui est rare aujourd'hui,

abstinens

Ducentis ad se cuncta pecuniæ.

Jacques II. Roi d'Angleterre avoit inventé ce qu'on appelle les signaux de la Marine. M. de Tourville en ayant reconnu l'utilité, les perfectionna : & on ne les nomme plus aujourd'hui que de son nom. Par leur moyen, on parle à une armée entiére, on lui

______

(1) *A multis feminis tentatus, non modò nullum detrimentum existimationis fecit, sed quead vixit, virtutum laude crevit.*

L vj

donne des ordres précis, tant fur 'la manœuvre qu'elle doit faire, que fur la route qu'elle doit tenir ; on régle fa voilure, on hâte ou retarde fa marche, on rappelle enfin à leurs divifions les vaiffeaux qui s'en étoient écartés.

Ce langage, plus ingénieux peut-être que tout autre, fût principalement utile au combat de la Hogue, où M. de Tourville fit voir autant de courage, que de préfence & de netteté d'efprit. Il connoiffoit parfaitement tous les périls où il étoit expofé. Mais le feu Roi lui avoit remis l'ordre fuivant à fon départ de Verfailles : *Vous combattrez mes ennemis, forts ou foibles, par-tout où vous les rencontrerez.* LOUIS. Y avoit-il à héfiter après un tel ordre ?

Dans toutes les Provinces Maritimes où commanda M. de Tourville, depuis qu'il fut honoré du bâton de Maréchal de France, il avoit coutume de monter chaque jour à cheval, & de fe faire voir au peuple, charmé de la bonne mine & de fes maniéres nobles. Il portoit toujours un plumet blanc, & fembloit dire comme Henry IV. à la bataille d'Ivry : *Si vos cornet-*

tes vous manquent , ralliez-vous à mon panache blanc ; vous le trouverez tou-jours au chemin de la victoire & de l'hon-neur.

La conversation faisoit un des plus doux agrémens de la vie de M. de Tourville. Mais il n'y parloit jamais que de son métier, il y rappelloit les principaux détails de la Marine ; il pro-posoit les plus grandes difficultés sur la manœuvre des vaisseaux, & après avoir pris les avis de ceux qui étoient assez heureux pour l'entendre & pour le suivre, il se plaisoit à résoudre sçavam-ment ces difficultés. Tout cela lui avoit acquis une capacité si pleine & si en-tiére, qu'il paroissoit au-dessus des évé-nemens & des hasards si communs à la Mer.

Je suis avec les sentimens les plus distingués, Mon-sieur, Votre très-humble & très - obéissant servi-teur, D...

ECLAIRCISSEMENT

Sur l'état où étoient les Con-
lonies Portugaises aux Indes Orientales, lorsque la
Royale Compagnie de
France s'y établit.

Cette Lettre étoit adreſſée à Monſieur Colbert, qu'on peut regarder comme le créateur du génie, du goût & des Arts en France.

ECLAIRCISSEMENT

SUR L'ETAT OU E'TOIENT les Colonies Portugaises aux Indes Orientales, lorsque la Royale Compagnie de France s'y établit.

PUISQUE je me suis engagé à vous envoyer une Relation de tous les Voyages que je ferai pendant mon séjour dans les Indes, je ne puis me dispenser de vous mander ce que j'ai remarqué dans le voyage que je viens de faire à la côte de Malabarre : mais vous vous ressouviendrez, s'il vous plaît, que c'est uniquement pour obéir aux ordres exprès que vous m'en avez donnés, & dans la confiance que j'ai que vous excuserez le style rude & informe d'un Officier peu accoutumé à écrire correctement.

L'arrivée des navires le Président & le Soleil d'Orient dans la rade de Suratte, nous ayant apporté la confirmation des nouvelles de la Paix, fit réfoudre le Confeil Souverain de Suratte de dépêcher au plutôt deux bâtimens légers à la côte de Malabarre, afin qu'ils puffent être de retour vers la fin du mois de Février & entreprendre quelque voyage plus confidérable. Le Confeil me choifit pour faire ce voyage, & préfider au commerce de ces deux bâtimens. Le 15 Décembre 1639, toutes nos expéditions étant prêtes, & nos connoiffemens fignés, nous mîmes à la voille à trois heures après minuit, fçavoir, le navire le Vautour, le même fur lequel j'avois paffé de France aux Indes, & qui venoit d'être radoubé depuis peu tout à neuf, & l'houcre le Saint Jacques. Ce même jour nous vînmes mouiller à fix heures du foir en la rade de Daman, ville appartenante aux Portugais à douze ou quinze lieues au Sud de Suratte. Le 16 au matin je defcendis à terre pour faire embarquer quelques provifions qu'on y avoit commandées, & pour rendre au Gouverneur de la ville les Lettres de politeffe que le Directeur François lui écrivoit. Daman eſt ſitué par les vingt-un degrés cinq minutes de latitude Nord & quatre-vingt degrès dix minutes de longitude. La ville eſt petite, mais fort jolie, bien percée & fortifiée aſſez ré-guliérement. Il y a pluſieurs Egliſes bâ-ties à la mode d'Europe, & ornées au-dedans de quantité de dorures & de peintures. Ce qui eſt d'autant plus étonnant, que la plupart des maiſons des places qui reſtent aux Portugais dans les Indes, tombent en ruines. Ce-pendant jamais leurs Egliſes n'ont été mieux entretenues. Je penſe que le grand pouvoir qu'ont les Religieux Portugais dans les Indes, produit cet effet qu'on admire. A Daman, les Jé-ſuites qui ſont plus en crédit que tous les autres Religieux, ont auſſi plus de pouvoir que le Gouverneur de la ville. Ils y font la fonction de Commiſſai-res des Guerres, ayant les clefs des magazins qui renferment les poudres, boulets & les autres munitions, & les délivrant ou les refuſant ſelon qu'ils le jugent à propos. Le Gouverneur n'a pas le pouvoir de faire tirer un coup de canon ſans l'aveu des Révérends Pe-res.

L'Inquifiteur général de la *Santa Caza* tient à Daman, comme dans les autres places des Portugais aux Indes,
un Commiffaire qui ne fert néanmoins
qu'à faire obferver les réglemens & les
ordonnances de la *Santa Caza*. Il eft
obligé de renvoyer tous les coupables
à Goa, où l'Inquifiteur Général les juge
en dernier reffort, & leur fait fubir les
châtimens rigoureux & fouvent injuf-
tes, auxquels ils font condamnés. Les
Etrangers doivent être bien circonf-
pects à ne point parler de ce Tribunal
redoutable. Depuis un an deux jeunes
Gentilshommes François qui étoient
venus dans les Indes avec M. de la Haye,
& qui avoient enfuite déferté de Saint
Thomé pour venir demeurer à Goa,
en ont été les triftes victimes. On les
accufoit d'avoir enlevé deux Efclaves,
& de les avoir vendus aux Mores ; ce
qui pourtant n'étoit pas véritable. Ils
avouoient bien que les Efclaves les
avoient fuivis de leur gré, & qu'ils les
avoient enfuite quittés. Un de ces Gentilshommes eft mort dans les prifons
de la *Santa Caza*, & l'autre a été dé-
gradé dans une Ifle fur la côte d'Afri-

que pour sept ans. Le premier s'appelloit Lardoüin, & l'autre le Couvreur. Leur plus grand crime étoit au fond que les Esclaves appartenoient à un Religieux Dominicain; car il seroit plus sûr d'offenser le Viceroi qu'un Religieux, on obtiendroit plus aisément son pardon.

Il y a une riviére qui passe le long des murailles de la ville de Daman, & dont la source vient d'une montagne qui est à deux ou trois lieues dans les terres. Pendant l'été qu'il ne pleut point, l'eau en est toujours salée, à cause du flux & reflux de la mer qui entre dedans : mais pendant les pluyes qui inondent toutes les collines, elle est douce. Cette riviére reçoit des navires de deux à trois cens tonneaux : mais il faut que ces navires attendent les grandes marées. Car la barre dans les basses demeure tellement à sec, qu'une chaloupe n'y peut passer : sans quoi elle seroit bien commode, y ayant un des bastions de la ville qui en défend l'entrée d'un côté, & de l'autre une bonne forteresse dont les murailles, comme celles de la ville, sont hérissées de gros canons. La garnifon compofée moitié de gens du Pays & moitié de Portugais, eft fort foible ; les foldats y font en très-petit nombre, & très-peu aguerris. Les Gouverneurs & autres Officiers, tant de terre que de mer, ne le font guéres davantage, toutes les charges ne fe donnant que par faveur ou à force d'argent. Les Fidalgues ou Gentilshommes ont coutume d'envoyer leurs enfans dès qu'ils font capables de fervir, fur l'armade qui fert à protéger le long de la côte les barques qui font deftinées pour différens lieux : & en rapportant des certificats de leurs Capitaines d'avoir fervi fept campagnes, ils obtiennent auffitôt avec le fecours de leurs amis des *mercés*, ou des brevets pour tels Gouvernemens ou pour telles Charges. Et quelquefois douze ou quinze perfonnes obtiennent de ces *mercés* pour le même gouvernement : tous ces brevets viennent de Portugal : mais il dépend enfuite du Viceroi de préférer celui qu'il juge à propos : & il en coûte cher pour avoir cette préférence. Même beaucoup de gens ont des *mercés* pour fept ou huit gouvernemens ou charges

différentes qu'ils exercent succeffive-
ment, ou bien ils les vendent avec l'a-
grément du Viceroi qui le refufe rarement. Enfin, la dot que les Peres un
peu accrédités donnent à leurs filles en
mariage, eft une de ces *mercés* que les
gendres font valoir. Ce qui fait que
tous les gouvernemens & toutes les
charges font remplis par des Officiers
fans talens & fans expérience.

Les Gouverneurs & les autres perfonnes en place étant ainfi obligés d'a-
cheter leurs charges, ou du moins la
jouiffance qui ne dure que trois ans, il
n'y a aucun moyen qu'ils ne mettent en
ufage pour s'en récompenfer : & malheur à ceux qui tombent entre leurs
mains. Comme leur autorité coule fi
vîte, ils fe mettent peu en peine de mu-
nir les places de vivres & de munitions néceffaires, ni d'en faire relever
les fortifications.

Les Capitaines de Milice, du moins
la plupart, exercent leurs charges fans
brevet, & ils ne les tiennent que de la li-
béralité du Viceroi ou des Gouverneurs
qui les portent & les favorifent. Ils ne
reçoivent qu'une petite canne pour mar-

que de leur Commandement, de laquelle on les dépouille quand on veut les casser; & tel Officier aura été cinq ou six fois Capitaine, qui devient ensuite soldat: ce qui détruit la subordination, & rend l'autorité méprisable.

Après avoir parcouru les environs de Daman, nous fûmes à Rajapour où nous arrivâmes le 22 du même mois de Novembre. On mouilla à l'entrée de la riviére, proche de Czta qui est marqué sur les Cartes anciennes. Cette entrée est par les 17 degrès 30 minutes de latitude, & 91 degrès 15 minutes de longitude. Il peut y avoir depuis l'entrée jusqu'à Rajapour cinq à six lieues. C'est la Ville Capitale du Raja-Sevagy, au moins si l'on peut appeller du nom de ville plusieurs méchantes maisons situées entre des montagnes. Ce Raja-Sevagy est un Prince qui s'est soustrait depuis vingt-cinq ou trente ans de la domination du Roi de Visiapour, & qui s'est fait tellement craindre qu'on ne parle que de lui dans les Royaumes du Grand Mogol, du Roi de Visiapour, & du Roi de Golconde. Depuis son soulevement,

ment, beaucoup d'Européens ont groffi
fes armées : & il a remporté de très-
grands avantages , & s'eft faifi de plufieurs Villes confidérables , dont il eft
actuellement en poffeffion. Son Royaume (on peut l'appeller ainfi fans crainte) eft à préfent peuplé & fort étendu.
Il eft Gentil, & s'eft depuis fix à fept
ans fait déclarer de race, ou cafte Bra-
mine , qui eft la plus noble & la plus
relevée de plus de quatre-vingt caftes
de Gentils qui font dans les Indes. Sevagy
eft un homme de cinquante-cinq à foixante ans, de grand jugement , grand
politique, fort vigilant, & brave de fa
perfonne ; il ne refpire que la guerre.
Je crois que depuis le tems qu'il s'eft
foulevé, il n'a point quitté fes armes ,
ni le jour ni la nuit. Heureux en toutes fes entreprifes , il s'eft tiré de quantité de mauvais pas, tant par fa réfolution, que par fon adreffe : tout autre
y auroit mille fois échoué. C'eft lui qui
a pillé à deux reprifes la Ville de Suratte, qui eft l'échelle la plus confidérable de toutes les Indes ; & il en a
remporté des richeffes immenfes.

La premiére fois , il tira plus de trente

millions de roupies, qui font environ quarante-cinq millions de livres de notre monnoie. On le craint si fort que j'ai vû souvent toute la Ville de Suratte en grande émeute, à la moindre nouvelle qu'on avoit de l'approche de ses troupes, quoique ce soit une Ville fermée de murailles assez bonnes pour le pays.

La Compagnie de France a un Comptoir à Rajapour, où présentement il n'y a pas grand commerce, soit à cause de la guerre que nous avons eue si long-tems avec les Hollandois, soit à cause que toutes les terres du Sevagy sont pleines de troupes qui empêchent le transport des marchandises. Mais si la paix se fait entre ce Prince & le Roi de Visiapour, comme le bruit en court, il pourra se faire un commerce de plus de sept à huit cent mille livres tous les ans à Rajapour en faveur de la Compagnie: & ce commerce deviendra peut-être encore dans la suite plus considérable.

Pendant la paix, on peut tirer du dedans des terres quantité de toiles & de betilles fort propres pour la France, & pour plusieurs autres endroits des Indes. On peut aussi en tirer du poivre, le plus

beau qui foit aux Indes. Ce poivre vient
d'une Province appellée Souda qui y
confine.

On juge par-là que Rajapour eft aujourd'hui dans la difette & dans le défordre. Lorfque Sevagy s'en rendit maître,
il ruina entiérement la Ville, & il en
tira de groffes fommes d'argent : auffi
l'appelloit-il fa Ville d'or. Ce Prince
eft fort ami des François, & il entretient correfpondance de lettres avec
ceux qui font les affaires de la Compagnie à Suratte. Les Anglois avoient un
Comptoir fort accrédité & fort riche
à Rajapour ; mais Sevagy les fit affaffi-
ner quelques jours après qu'il s'en fût
emparé d'affaut, parce qu'il apprît fous
main qu'ils avoient donné des grenades
aux affiégés pour jetter fur fon camp.
Cela s'eft raccommodé depuis quatre
ou cinq ans. Mais les Anglois maltrai-
tés, ne fe fient guéres au Prince Indien,
dont ils appréhendent toujours quelque nouvelle trahifon : & leur crainte
n'eft pas, à vrai dire, contraire aux apparences.

Il y a proche le jardin de la Compagnie de France, à un quart de lieue de

Rajapour, une fontaine d'eau chaude très-falutaire pour les perfonnes qui ont des douleurs dans les jointures ou quelque débilité de membres. Elle eft plus que tiéde : & des gens qui ont été aux bains de Bourbon, difent qu'elle a le même goût & la même couleur.

La plus grande partie des Habitans font Gentils qui adorent la vache. Le vol y eft puni très-févérement, & pour le moindre forfait, on coupe la main.

Je rencontrai à Rajapour un François venant de Goa où il avoit paffé de Mozambique fur les navires Portugais, & de France à Mozambique fur un petit bâtiment commandé par le Chevalier de Maifonneuve, duquel il me conta le fâcheux défaftre. Le Chevalier de Maifonneuve étoit venu avec M. de la Haye aux Indes : & par la mort du Capitaine qui commandoit le navire le Breton, monté de foixante piéces de canon, M. de la Haye qui l'aimoit tendrement, lui en donna le Commandement. Il retourna après la perte de faint Thomé en France, où le Roi lui donna une commiffion de Capitaine de fes vaiffeaux : & il fut auffitôt employé dans

une escadre commandée par le Chevalier de Chateauregnault, qui attaqua
une flotte Hollandoise, laquelle venoit
du Levant. Le Chevalier de Maisonneuve se rendit maître d'un navire de
cette flotte richement chargé, dont il
détourna pour quarante ou cinquante
mille livres d'effets; ce qui est un crime
impardonnable à tout Officier. La chose ayant été sçue, il fut arrêté; & par
jugement du Conseil de Guerre, cassé,
& déclaré incapable de jamais pouvoir
servir le Roi. Désespéré de cet affront,
M. de Maisonneuve résolut de passer
une seconde fois dans les Indes, & d'y
aller faire le métier hazardeux de Pyra-
te. Lui & trois autres Officiers sans emploi & sans considération en France,
mais très-entendus dans la navigation,
achetérent une petite fregate à Marseil-
le, & l'ayant agréée comme une tarta-
ne, ils firent courir le bruit que c'étoit
pour aller en course dans le Levant.
Mais la fregate arrivée au détroit de Gibraltar, le Chevalier de Maisonneuve
déclara à son équipage que son premier
dessein avoit été de se montrer hardiment dans l'Archipel; qu'ayant depuis
M iij

confidéré que la courfe y feroit infructueufe, il avoit tourné les yeux vers les Indes, où la fortune leur offroit de plus grands avantages ; que cependant il ne vouloit forcer perfonne, & que fi quelqu'un refufoit de le fuivre, il n'avoit qu'à le dire fans crainte, & qu'on le feroit mettre à terre. Tout l'équipage applaudit, & on continua la route fans murmure, jufqu'au mois de Mai qu'on arriva à la Baye de faint Auguftin dans l'Ifle de Madagafcar, pour y faire de l'eau, & s'y rafraîchir.

Le 16 Juin feize hommes de l'équipage s'étant foulevés, ils tuérent le Chevalier de Maifonneuve, & fes trois Affociés, & les jettérent à la mer ; enfuite ils nommérent d'un commun accord pour leur Capitaine le Maître Canonnier qui avoit été le chef de la confpiration. Mais comme les crimes d'une certaine noirceur, fur-tout les affaffinats, ne font jamais impunis, ils furent arrêtés à Mozambique, où ils s'étoient réfugiés pour fe mettre en lieu de fûreté : & après plufieurs informations & plufieurs délais, on les punit rigoureufement comme pyrates.

Le quatriéme du mois de Décembre,
nous partîmes de Rajapour & le cin-
quiéme nous mouillâmes à l'entrée de la
riviére de Goa, sous une forteresse appellée Laguada qui en défend l'approche. Je m'embarquai aussitôt pour aller à Goa, & je mis pied à terre chez
un Fidalgue des plus qualifiés de toutes
les Indes, & pour lequel on m'avoit donné des lettres. Ce Fidalgue se nommoit
Manoël Saldaigne, & avoit été Gouverneur de Bassin & Capitaine général
du Nord. Il étoit alors occupé à l'équi-
pement d'un grand navire, sur lequel
il devoit revenir avec sa femme & ses
enfans en Portugal, à cause d'un grand
différend qu'il avoit eu avec les Jésui-
tes, dont il crut, il y a quelques années,
pouvoir punir l'air avantageux & réser-
vé, en faisant brûler leur maison de
campagne.

Revenu de son emportement, ce
Gentilhomme au fond très-libéral &
très-poli, même très-modéré, leur offrit ou de payer à leur gré le tort qu'il
leur avoit fait, ou de rétablir leur maison dans son premier état. Mais les Jé-
suites jugérent que pour l'honneur de

l'Ordre, il falloit une punition exemplaire : à quoi ils étoient bien fûrs de réuffir, par le grand pouvoir qu'ils ont en Portugal.

La riviére de Goa eft la plus belle qui foit aux Indes, & une des plus belles qui foient au monde, tant pour fa largeur & fa profondeur, que pour le nombre des forterefles, des Eglifes & des maifons de campagne qui ornent fes bords. Elle eft navigable depuis la fin du mois de Septembre, jufqu'au commencement de Juin : & pendant tout ce tems-là, les plus grands galions viennent mouiller jufques devant la Ville. Les autres mois, la riviére eft fermée à caufe de la barre. Mais les navires qui arrivent alors, fe retirent facilement dans une anfe nommée Mourmougon qui eft proche l'embouchure de la riviére, où ils font en fûreté contre le mauvais tems, & les infultes de leurs ennemis, par le moyen d'une fort bonne forterefle qui en défend l'entrée.

Après trois ou quatre lieues de riviére, que la diverfité des Couvents, des maifons, des bocages, & d'un nombre infini de bateaux, fait trouver très-

courtes, on se trouve insensiblement à
la vûe de Goa qui surprend même ceux
que la renommée avoit prevenus de sa
magnificence. Cette Ville est la Capitale des Portugais dans les Indes, la
demeure ordinaire du Viceroi & du
Conseil, & le siége de l'Archevêque,
Primat des Indes. C'est-là où tant de
Rois de diverses nations de ces contrées
envoyoient les tributs qu'ils payoient au
Roi de Portugal ; où arrivoient toutes
les richesses de la Chine, du Japon,
des Moluques, du Mozambique, de
Sofala & de Melinde qui sont à la côte
d'Afrique, des Royaumes du Mogol,
de Golconde, de la Perse, & de la Tur-
quie. On a vû jusqu'à huit cens navires dans la riviére, desquels trente &
quarante venoient de la Chine. C'é-
toient des voyages où quand un Mar-
chand ne gagnoit que 900 ou mille
pour cent, il se plaignoit amérement
qu'il n'avoit pas fait un bon voyage.
Tout abondoit à Goa : les diamans, les
perles, les épiceries, le musc, l'ambre
gris, l'yvoire, la soye, les toilles, les
belles étoffes, enfin, tout ce que les

M v

Indes peuvent produire & fournir de
riche & de curieux.

Mais que les choses sont changées !
son état présent est bien différent de ce
qu'il a été. Autant que Mars étoit autrefois accrédité à Goa, autant Venus
y est aujourd'hui maîtresse. Mars les faisoit redouter de toutes les Nations de
l'Asie, tant de l'Empereur de la Chine, que de celui du Japon, du Grand
Mogol, du Roi de Perse, du Grand-
Seigneur même. Tous se croyoient honorés d'avoir les Portugais pour pro-
tecteurs ou pour amis. Mais Venus les
a rendus, & les rend l'opprobre des
mêmes Nations qui leur payoient autrefois tribut : & quoiqu'ils la servent
avec toute sorte d'assiduité & d'applica-
tion, elle ne laisse pas de les payer de
mille incommodités qui ne les quittent
qu'au tombeau. Les richesses qu'ils pos-
sédent maintenant, sont peu considérables : & plus des deux tiers appartien-
nent aux Religieux, & surtout aux Je-
suites, qui ont ici beaucoup plus de revenus que le Roi de Portugal.

Outre les Religieux Portugais, on
voit encore à Goa des Théatins, &

des Carmes déchauffés, mais qui font
Italiens, avec quelques François &
quelques Allemands parmi eux. On les
eftime pour leurs bonnes mœurs, &
parce qu'ils font moins ignorans que
les Prêtres Portugais dont la plupart
fçavent à peine lire, & même prononcer les paroles Sacramentelles.

Au refte, la Ville de Goa peut être
de la grandeur de la Ville de Rouen.
Toutes les avenues par où l'on y peut
aller, font gardées par de bonnes forterefles. Elle eft bâtie dans une Ifle qui
peut avoir neuf lieues de circuit, & qui
touche prefque à la terre-ferme. Trois
ou quatre autres Ifles l'accompagnent,
toutes remplies d'*Aldées* ou de Villages & de *quintas* ou de maifons de campagne ; les Habitans font plongés dans
toutes fortes de vices, & menent une
vie fort diffolue ; étant d'ailleurs dans
une continuelle défiance les uns contre
les autres. Lorfqu'ils ont le moindre
différend entr'eux, ou que la jaloufie
les tranfporte, le poifon & l'affaffinat
leur coûtent peu de chofe.

Ils ont tous une grande quantité
d'efclaves, qu'ils tirent de la côte d'A-

frique, & qu'ils traitent fort mal. Le moindre foldat ne marche guéres dans les rues fans un parafol pour fe garantir du Soleil, & qu'il fait porter par un efclave. Les gens riches & les Dames de qualité fe fervent d'un palanquin, qui eft une voiture fort douce & ordinaire dans les Indes, mais plus propre pour des femmes que pour des hommes.

Je vais enfin terminer l'article de Goa, en difant que l'air qu'on'y refpire, eft fort mal-fain. S'il arrive quatre cens hommes de recrue fur la flotte que le Portugal y envoie tous les ans, on peut compter qu'au bout de deux à trois mois il n'en refte pas le tiers : ce qui vient des femmes auxquelles ces malheureux fe livrent d'abord, & qui font toutes gâtées & corrompues. D'ailleurs, la mifére où fe trouvent ces foldats nouvellement arrivés, leur donne le fcorbut & les fait mourir rapidement. On ne fonge guéres à les foulager, ni à les guérir. Je ne parlerai point des fuperftitions vaines & puériles, qui accablent les Portugais dans les Indes. Ils n'en font pas moins accablés en Europe. Mais le mal à mon avis, eſt incurable. Il faut plaindre les ſuperſtitieux, & jamais leur répondre, même quand ils vous interrogent.

Il y a deux ans qu'il arriva à Goa un Viceroi nommé Dom Pedro d'Almeïda, lequel étoit venu avec ordre d'établir de nouvelles Colonies à la côte d'Afrique depuis Mozambique juſqu'au Cap de Bonne-Eſpérance, & pour faire travailler à des mines d'or & d'argent que les Portugais prétendoient y avoir découvertes. Il partit de Goa en Janvier 1678, & ſe rendit à Mozambique, pour recevoir quatre frégates chargées de ſoldats & de familles qu'on y envoyoit de Portugal, deſtinées à cet établiſſement. Il y arriva au mois de Février de la même année, & trouva ces quatre frégates mouillées devant la place. Mais au bout de quelques jours, il ne reſta pas trois à quatre cens perſonnes de plus de douze à quinze cens dont l'eſcadre venue de Portugal étoit compoſée. Cette grande mortalité fut cauſée par le mauvais air de Mozambique, & par le peu de prévoyance des Portugais qui ſçachant qu'il leur venoit tant de monde, n'eurent pas le foin d'y faire tranfporter des vivres, & des rafraîchiffemens. On ne trouve rien à Mozambique. Le Viceroi voyant donc qu'il ne pouvoit faire l'établiffement projetté, réfolut d'aller rétablir un Roi qui avoit été chaffé de fes Terres, & qui étoit venu implorer le fecours des Portugais. Je remarquerai ici que la plupart de ces Princes de la côte d'Afrique, & de beaucoup d'autres endroits des Indes, font des miférables qui étant maîtres de dix ou douze lieues de pays, ont été honorés de la qualité de Rois par les Portugais, afin que la grandeur des noms qu'ils leur donnoient, rendiffent leur puiffance plus éclatante en Europe. Ainfi, quand ils écrivent dans leurs Relations; tel Roi s'eft rendu Catholique, tel Roi a été fubjugué; on ne doit pas croire qu'ils aient rendu un grand fervice au Chriftianifme, ni qu'il leur ait fallu beaucoup de valeur pour faire de pareilles conquêtes. Ce Roi dépouillé avoit fes Etats dans une Ifle appellée Pata, qui eft à deux cens cinquante ou trois cens lieues au Nord de Mozambique. Il y a trente ou trente-cinq ans que cette Isle appartenoit aux Portugais ; du moins y avoient-ils des troupes, & y possédoient-ils trois petites forteresses. Les Habitans qui font Arabes de nation, surprirent ces troupes dispersées, & en firent un horrible carnage.

Il y avoit alors deux Rois dans cette Isle, dont l'un fut chassé par l'autre il y a environ neuf ou dix ans. Le détrôné vint à Goa, pour voir s'il ne pourroit point se rétablir par le moyen des Portugais, & il a toujours demeuré avec eux depuis ce tems-là. On lui conservoit le nom de Roi, & avec ce superbe titre il demandoit l'aumône, n'ayant que des haillons pour se couvrir.

Dom Pedro d'Almeïda arriva donc à Pata, fit descente & assiégea la Ville du même nom dans les formes, & la prit, après y avoir perdu bien du tems & bien du monde. En ayant tiré tout ce qu'il put de richesses, il fit couper la tête au Roi usurpateur, & rétablit avec pompe celui qui avoit été chassé. Sur ces entrefaites arrivérent trois navires des Arabes de Mascatte, qui malgré la présence du Viceroi & quatre

frégates qui croifoient devant l'Ifle,
s'avancérent hardiment, & gagnérent
le vent aux frégates intimidées. Le Lieutenant - Général qui les commandoit,
homme brave & entendu, ne put fe
faire obéir.

Cependant les Arabes mettent pied
à terre, & vont droit à la Ville. Les Habitans fe foulévent, & font main-baffe
fur tous les Portugais qui étoient fans
crainte & fans défence. Le Viceroi fut
bien étonné, & ayant regagné une des
frégates, il leva l'ancre & retourna à
Mozambique, où il mourut quelque
tems après de chagrin & de déplaifir.

Mafcatte eft une fortereffe fur la côte
d'Arabie à l'entrée du Golfe de Perfe,
bâtie fur des rochers qui forment un
port à l'abri de toute infulte. Elle appartenoit aux Portugais, qui arrêtoient
à coup de canon tous les vaiffeaux qui
entroient dans le Golfe ou qui en for-
toient, pour leur faire payer les droits
par eux impofés. Les Arabes indignés,
prirent cette fortereffe par rufe & par
famine, ayant fait acheter de l'avare
Gouverneur tout le bled & tout le ris
qui étoient dans la place, & les lui

payant à des prix extraordinaires.

Ces Arabes se sont depuis ce tems-là tellement rendus puissans à Mascatte, qu'ils viennent tous les ans braver les Portugais jusques sur leurs côtes. Il y a grande apparence que tôt ou tard ils perdront ce qui leur reste dans les Indes. Les Politiques qui parlent sans intérêt en demeurent d'accord : ce qui est digne de compassion, quand on considére la puissance de ce Peuple, autrefois si fameux, la hardiesse & la grandeur de ses voyages d'Europe aux Indes, des Indes à la Chine, aux Moluques, au Japon, & en tant de différens endroits, où les Portugais ont donné la loi, avant que les Hollandois les eussent dépouillés de leurs plus belles & plus riches Colonies.

Nous partîmes de Goa le 9 Décembre, & arrivâmes le 13 suivant à Tilcery, un des meilleurs Comptoirs de la Compagnie des Indes, lequel est situé par douze degrès quinze minutes de latitude Nord, & quatre-vingt-quinze degrès quarante-cinq minutes de longitude, à une demie lieue de Tremepatam, & à trois lieues de Cananor, Ville appartenante aux Hollandois. Tout le pays eſt ſous l'obéiſſance apparente du Roi de Cananor, qui n'eſt qu'un maſque de théâtre, la véritable autorité étant entre les mains des Hollandois qui s'en ſont emparés.

Comme Cananor ſe trouve au milieu de tous les ports des Corſaires Malabarres, on y entretient une forte garniſon, crainte de quelque ſurpriſe. Les vaiſſeaux qui navigent le long des côtes, doivent être bien armés & ſe défendre ; particuliérement de l'abordage, n'y ayant qu'un coup de main à craindre avec les Malabarres qui ſe mettent juſqu'à quatre, cinq & ſix cens hommes dans des batimens qu'ils nomment Paros. Les plus grands ont deux mâts, & vont très-bien à la voile & à la rame. Quand on rencontre de ces Paros à la mer, le plus ſûr eſt de les éviter & de ne point s'engager au combat. Que gagneroit-on avec des gens qui ne portent aucunes marchandiſes, & qui ne vivent que de ris cuit & de poiſſon ſalé ou fumé ?

Tous les Habitans de la côte de Malabarre ſont traîtres & voleurs. On les

diſtingue en Gentils & en Mahometans.
Les Gentils, plus nombreux ſe parta-
gent en trois états. Le premier, eſt celui des Nahaires ou des Nobles, qui
ſont les plus craints & les plus reſpec-
tés : & il eſt néceſſaire que ceux qui,
voyagent, en aient toujours quelqu'un
à leur ſuite pour marcher ſûrement : &
s'il arrivoit accident à celui qui a pris un
Nahaire pour le conduire & l'eſcorter,
le Nahaire ſeroit regardé comme un
infâme, & comme un homme ſans cœur
& ſans honneur. Le ſecond état, eſt celui des Tuias ou Laboureurs, & ſous
ce nom-là, ſont compris tous ceux qui
travaillent à la terre. Le troiſiéme état,
ſont les Pécheurs nommés Mocoûas. Ils
ſervent de matelots & de portes-faix.
Pour les Mahométans, ils s'exercent tous
à la marchandiſe ou à la piraterie. Ils
demeurent ſéparément des Gentils, dans
des Villages qu'ils appellent Bazars, ou
marchés. Les hommes & les femmes
vont tout nuds, & ne portent qu'une pagne ou un morceau de toile qui couvre
les parties que la nature ou la coutume
enſeigne de cacher. Les gens qui n'ont
pas le moyen d'entretenir une femme, en prennent une à trois ou quatre

& ils en ufent le plus honnêtement du monde avec elle , & fans jaloufie les uns envers les autres. Celui qui eft dans la maifon avec la femme commune, laiffe fes armes à la porte : ce qui fert d'avertiffement aux autres , & les empêche d'entrer , fans s'attribuer aucune préférence. Ils concourent tous également à l'entretien de cette femme , & des enfans qui en proviennent. Leur nourriture ordinaire, fans diftinction du pauvre & du riche , font le ris & l'herbe nommée bethel qu'ils ont inceffamment à la bouche. Ils ne le mangent pas avec autant de délicateffe qu'on le mange dans l'Empire du Mogol , & il ne prennent que la feuille du bethel mêlée avec de l'arrecque, & de la chaux : au lieu que les Indiens y ajoutent le cachou & le cardamome.

En quittant Tilcery , nous nous rendîmes le lendemain à Calecut qui eft à douze ou quinze lieues au Sud de cette place.

Calecut eft par les onze degrès vingt-deux minutes de latitude Nord , & quavingt-treize degrès dix minutes de longitude. C'eft l'endroit de toute la côte des Malabarres où se fait le plus grand commerce de poivre, mais qui n'est pas aussi beau que celui de Tilcery. Les Anglois y ont un établissement. Le Roi qu'on appelle grand Samorin, ou Samory, est le plus puissant de tous les Princes de cette côte. Samorin en Langue Malabarre signifie Grand Empereur : mais il s'en faut bien que son autorité soit telle que les anciennes Relations nous l'ont représentée.

Je crois bien que le Samorin a eu autrefois plus de pouvoir & plus de richesses qu'il n'en a présentement : mais ce n'a jamais été au point que François Pyrard & quelques autres Auteurs l'ont écrit. Calecut est le premier port où les Portugais jettérent l'ancre en arrivant aux Indes, & ils eurent permission d'y bâtir une forteresse qu'ils perdirent peu après avec quantité de canons de fonte. Cette artillerie se garde encore dans le Palais du Roi qui est à une demie-lieue de Calecut ; & la forteresse est couverte d'eau, la mer ayant gagné plus d'une lieue dans la terre : & de basse-mer, on voit encore des brisans & un remoux d'eau dans l'endroit où étoit bâtie cette forteresse. Aussi la rade de Calecut est-elle dangereuse pour les navires qui ne sçavent pas le bon mouillage, & qui négligent de prendre un Pilote côtier. Leur perte est presque assûrée, & nul ne réchappe ordinairement.

FIN.

DEPUIS qu'un Auteur ingénieux a voulu prouver que le rétablissement des Sciences & des Arts a plus contribué à corrompre les mœurs qu'à les épurer, je me suis rappellé un trait d'Histoire auquel peu de personnes ont fait attention. Ce trait regarde la ville de Norcia, qui, quoique soumise au Pape, forme une espéce de République dans le Duché de Spolette, à vingt-cinq milles de Rome. Auprès de cette Ville est une Abbaye considérable de Bénédictins, dont un Cardinal est presque toujours titulaire avec de gros revenus.

Norcia jouit de grands priviléges, & les conserve avec soin. Les Habitans n'obéissent à aucune loi qu'ils n'ayent faite eux-mêmes. Ils choisissent leurs propres Magistrats, qui doivent avoir deux qualités indispensables; l'une d'avoir pris naissance dans leur Ville, & l'autre d'y avoir quelques biens fonds avec femme & enfans.

Mais ce qu'il y a d'extraordinaire dans la constitution de la République de Norcia, c'est que les Habitans souf-

frent peu d'Eccléfiaftiques chez eux,
contre l'ordinaire de ce qui fe voit en
Italie , & qu'ils les empêchent fur-tout
d'avoir aucune part au Gouvernement.
En conféquence de cela, & crainte de
furprife , nul homme qui fçait lire ou
écrire ne peut poſſéder ni charges ni emplois à Norcia. La Magiftrature eft
compofée de quatre perfonnes qui ne
doivent avoir aucune littérature : on les
nomme *li quatre illiterati*. Ces Habitans font dans la penfée que tout ce qui
fent les Lettres & qui en porte l'em-
preinte, eft dangereux pour un Etat:
c'eft pourquoi ils les banniffent abfolument, crainte de tomber dans les mi-
féres & dans les calamités où font tom-
bés les Etats voifins qui ont fait trop
de cas de ces lettres, en cultivant les
Sciences plus nuifibles qu'utiles.

Tous les procès à Norcia fe décident
par les quatre non-Lettrés, & s'y décident prefque fur le champ par les feules lumiéres naturelles. Pour la Religion,
on la refpecte , on l'aime, & on la fuit
fans entrer dans des difputes qui peuvent l'obfcurcir & troubler enfuite l'E-
tat, dont le principal avantage font la
tranquillité , le mantien des bonnes
mœurs & l'union des fentimens.

TABLE

DES TRAITE'S

Contenus dans le troisiéme Volume.

I. TRAITE'.

MEMOIRE *sur l'établisse-*
ment des Colonies Françoi-
ses aux Indes Orientales, avec
diverses remarques sur les Isles
de Mascareing & de Madagas-
car. pag. 3.

II.

III.

Tome III.   N

De l'Imprimerie de la Veuve QUILLAU.

APPROBATION.

J'Ai lu par ordre de Monseigneur le Chancelier, un Manuscrit qui a pour titre : *Œuvres Diverses de M.* Deslandes, & j'ai cru qu'on en pouvoit permettre l'impression. A Paris le 28 Juin, 1752.

BELLIN.